高等学校
"十四五"生命科学
规划新形态教材

植物学
实验指导
（第3版）

U0173530

主 编
刘蔚秋　凡　强
刘　莹　李春妹
林　里

主 审
廖文波

编 者（按姓氏拼音排序）
陈琴芳　凡　强　黄椰林　李春妹　林　里
刘蔚秋　刘　莹　麻凯南　石祥刚　唐　恬
辛国荣　俞陆军　周仁超

中国教育出版传媒集团
高等教育出版社·北京

内容简介

　　本教材包括植物形态解剖和植物系统分类两部分，共22个实验。实验一主要介绍显微镜的构造和使用方法。实验二至实验十为形态解剖部分的内容，包括植物细胞、组织，以及植物各大器官的相关内容，学生通过此部分实验内容能初步掌握植物学研究的常规方法，认识种子植物的总体形态结构特征。实验十一至实验二十二为系统分类部分，包括藻类、菌物、地衣、苔藓植物、蕨类植物、裸子植物和被子植物的相关实验内容，物种系统分类部分的编排以当前流行的分子系统为编排依据，通过此部分实验操作，学生能基本掌握不同类群植物的观察方法，认识相关类群代表植物形态结构特征，并学会运用分类学的原则、原理鉴别不同的植物类群。本教材中的 3 个开放实验则以培养和锻炼学生的动手能力为主，主要介绍藻类植物、苔藓植物的采集及鉴定方法以及维管植物标本制作方法。

　　本教材适合生命科学类专业植物学实验教学使用，也可供农林院校、中医药院校有关专业师生使用和参考。

图书在版编目（ＣＩＰ）数据

　　植物学实验指导 / 刘蔚秋等主编 . --3版 . --北京：
高等教育出版社，2023.7
　　ISBN 978-7-04-060235-7

　　Ⅰ . ①植… Ⅱ . ①刘… Ⅲ . ①植物学—实验—高等学
校—教材 Ⅳ . ①Q94-33

　　中国国家版本馆CIP数据核字（2023）第052018号

ZHIWUXUE SHIYAN ZHIDAO

| 策划编辑　王　莉 | 责任编辑　赵君怡 | 封面设计　王　琰 | 责任印制　赵义民 |

出版发行	高等教育出版社	网　　址	http://www.hep.edu.cn
社　　址	北京市西城区德外大街4号		http://www.hep.com.cn
邮政编码	100120	网上订购	http://www.hepmall.com.cn
印　　刷	北京盛通印刷股份有限公司		http://www.hepmall.com
开　　本	787 mm × 1092 mm　1/16		http://www.hepmall.cn
印　　张	11.5		
字　　数	250千字	版　　次	2023年7月第1版
购书热线	010-58581118	印　　次	2023年7月第1次印刷
咨询电话	400-810-0598	定　　价	48.00元

数字课程（基础版）

植物学
实验指导

（第3版）

主编　刘蔚秋　等

新形态教材网
Abooks

植物学实验指导（第3版）

　　本数字课程与纸质内容一体化设计，紧密配合。数字课程包括部分实验的演示视频、拓展文本、彩图等丰富的教学资源，希望在提升教学效果的同时，丰富知识的呈现形式，为学生学习提供拓展与探索的空间。

☐ 文本　　✖ 图片　　▶ 视频

用户名：[　　　]　密码：[　　　🔒]　验证码：[　　]　5360　忘记密码？　[登录]　注册

扫描二维码
进入新形态教材小程序

http://abooks.hep.com.cn/60235

前言

    植物学是一门源于实践的科学，实验教学是植物学教学的重要组成部分。中山大学历来重视"植物学""植物学实验""植物学实习"的教学与改革，在长期的实践中获得了许多教学经验。

    中山大学植物学科历史悠久，始建于中山大学建校的 1924 年。后于 1928 年，由著名植物分类学家陈焕镛教授建立中山大学"植物研究室"，1929 年建立"中山大学农林植物研究所"（中国科学院华南植物研究所、华南植物园的前身）。此后，中山大学植物学科在陈焕镛、董爽秋、吴印禅、辛树帜、罗宗络、张宏达教授等前辈植物学家的主持下得到长足的进步。1979 年，中山大学张宏达教授主持编写了国家统编教材《植物学》，一直沿用至 20 世纪 90 年代。至 2016 年，中山大学生物学、生态学被列为国家首批双一流建设学科，"植物学""植物学实验"课程一直是生物科学、生态学等本科专业的重要基础课。在此基础上自 1993 年起，在李植华、叶创兴教授的主持下，结合学科新发展，先后出版了新编的《植物学》（2007 年，2014 年）、《植物学实验指导》（2006 年，2012 年）教材。随着分子系统学数据的逐步完善，中山大学以此为基础，再次修订出版了《植物学》（第 3 版，2020）。《植物学实验指导》（第 3 版）中关于植物界各大类群的编排也是基于分子系统学数据，并以第 3 版《植物学》教材为依托。

    本教材自第 1 版于 2006 年出版以来，受到广泛欢迎，但其教学内容的组织沿用传统的植物分类系统，且教材中的插图为黑白线条图，在展示植物材料的性状特征方面不如彩色照片或图片清晰直观。为此，第 3 版教材改用分类系统学进行编排，并彩色印刷，书中提供了大量精美的图片帮助学生理解相关知识，这些图片既有高分辨率的玻片显微图，也有新鲜植物材料的解剖或生态照片，还有大量绘制的形态图或模式图，使得本教材图文并茂，集知识与美感于一体。

    本教材包括植物形态解剖和植物系统分类两部分，共 22 个实验，其中实验一主要学习显微镜和体视镜的使用方法，实验二到实验十为形态解剖部分的内容，包括植物细胞、组织、以及各大器官的相关内容，学生通过此部分实验内容能初步掌握植物学研究的常规方法，认识种子植物的总体形态结构特征。实验十一到实验二十二为系统分类部分，包括藻类、菌物、地衣、苔藓植物、蕨类植物、裸子植物和被子植物的相关实验内容，系统分类部分的编排以当前流行的分子系统为依据。通过此部分实验学习，学生能基本掌握不同类群植物的观察方法，认识相关类群代表植物形态结构的多样性及演化规律，并学会运用分类学的原则、原理鉴别不同的植物类群。教材中的 3 个开放实验则以培养和锻炼学生的动手能力为主，分别介绍藻类植物和苔藓植物的采集、鉴定方法以及维管植物标本制作方法。

为培养学生独立思考能力以及分析问题和解决问题的能力，提高学生实验操作技能，激发学生的潜能，本教材选用了较多的新鲜实验材料，鼓励学生动手操作，并在每个实验后面设置了富有启发性的思考题。

本教材的编写工作由多位老师参与，其中刘蔚秋、辛国荣、李春妹、陈琴芳、俞陆军、林里、石祥刚负责形态解剖部分的编写工作，孢子植物部分由刘蔚秋、林里和凡强负责，种子植物部分由刘莹、凡强、李春妹、廖文波、周仁超、黄椰林和唐恬负责。教材中的图片除负责编写相应部分的老师提供外，李春妹提供了形态解剖部分的玻片显微高清图和大量植物照片，麻凯南、孙园园、耿佳林、王嘉颖等同学绘制了教材中的彩色图片，徐隽彦、于润贤、王庚申、蔡枫提供了部分彩色植物图片。廖文波教授对书稿进行了审核，提出了若干宝贵意见。

在教材的编写过程中，中山大学教务部给予了经费支持，高等教育出版社王莉编辑为本教材的顺利出版提供了指导性意见。对上述单位和个人，编者表示诚挚的谢意。

全体编者
2022 年 10 月

目录

绪论

　　植物学是研究植物体的形态结构、生长发育、遗传变异、繁殖、衰老死亡，以及起源演化等内容的学科。植物学也是实践性、实验性很强的学科，一门来源于人类与自然的生存斗争和生产斗争中发展起来的科学。约在 5000 多年前，中华民族的始祖之一神农氏，教化先民学会了耕种，懂得了医药，留下了"神农尝百草，一日而遇七十毒"的典故。经过漫长的岁月发展，人类社会出现了农业和畜牧业的分工，产生了最初的植物学萌芽。到了约 500 年前，李时珍历时 27 年（1552—1578）著成《本草纲目》初稿，后又历经 10 年三次修改，堪称中医中药的集大成者，也是一部较为全面的植物形态学（本草学）书籍。1753 年，瑞典植物学家林奈出版《植物种志》，建立了植物命名的双名法，被誉为经典植物分类学的奠定人。1859 年，达尔文在历经环球科学考察和多年的潜心观察后著成《物种起源》，提出了"物竞天择"即"自然选择，适者生存"的思想，从而构建了生物界的系统发育原理。最终，在 19 世纪末期 20 世纪初期，植物形态学、分类学、系统学、生态学等经典学科奠定了基础。在 20 世纪后半叶，随着新技术的应用，形成了结构与演化植物学、发育植物学、植物遗传学等现代意义比较完善的分支学科。在系统分类学方面，出现了分支系统学、数量分类学、化学分类学等。系统分类学常被称为一门"无穷的、综合的"学科。1981 年，克朗奎斯特在综合多门学科如形态学、胚胎学、比较解剖学、细胞学、孢粉学、古植物学、血清学、生物化学等的知识基础上，发表了一个完整的被子植物分类系统。20 世纪末至 21 世纪初，分子生物学崭露头角，发展迅猛，分子系统学、基因组学、功能基因组学等获得许多创新成果。一个重要的进展是，1998 年，29 位分子生物学家合作发表了被子植物分子系统，被称为"APG Ⅰ"，后于 2003 年、2009 年、2016 年依次发表了"第Ⅱ版"、"第Ⅲ版"、"第Ⅳ版"，该系统日趋完善和稳定。同一时期，藻类、菌物、苔藓、蕨类、裸子植物等类群均分别发表了相应的基于分子数据的分类系统。发育生物学家也在形态学研究的基础上，将生理、代谢、功能调控等相关的知识和理念应用于植物形态建成的研究。

　　总体说来，植物学的萌发、发展和完善经历了漫长的过程，从宏观至微观形成了许多分支学科。植物学前景广阔，技术不断进步，但这些首先来源于扎实的形态学观察。植物学实验课程的宗旨与植物学理论课程的宗旨是一脉相承的，一是掌握植物体形态建成的规律，二是掌握植物界系统演化的过程，三是揭示生物多样性、植物多样性对人类的影响，以及人们在应用植物资源的同时应如何加强对植物多样性的保护。具体到植物学实验课程的内容而言，具有三个层次。

　　第一层次，验证性实验。是对各类植物体的形态结构、系统分类特征进行基本的描述，目的是让学习者、观察者通过实例尽快地掌握植物学的基本概念、基本理论、演化特征。这种学习和观察过程是验证性的。

　　第二层次，探索性实验。事实上，植物界种类繁多，类群复杂，教材、专著等对植物体、植物类群的描述只是近似的，与实际观察存在许多差异，并且由于自然地理区域的差异，所获得的实验材料、示范玻片、教学标本等不一而同，因此，在实际学习时要求学习者具有一定的鉴别、判断能力，在验证、重复前人的知识时充分地表现出悟性，对知识的掌握、运用要有灵活性，养成举一反三的观察能力。因此，学习者应具备正确的态度、科学的方法。细节决定成败，细致的观察是产生新发现的基础。

　　第三层次，研究性实验。验证性、探索性实验都是在预先设计的基础上开展，而研究性实验主要通过开放性实验，或自行设计实验来实施，即学习者根据所学的知识，针对一定的目标，主动设计实验方案并实施。要求学习者具有高度的主观能动性，以兴趣为导向，针对植物学的基本理论、生长发育过程，或者预测性分类目标进行合理的实验观察设计。

植物学实验须知

一、实验室学生守则

1. 学生应按时到达实验室，不得迟到、早退和旷课。如确实无法按时上课，须提前向主讲老师请假。

2. 进入实验室须穿实验服，不得穿拖鞋进入实验室做实验。

3. 实验前，应认真阅读实验指导上的相关内容，了解实验的目的、要求和内容，掌握需要涉及的仪器设备的使用方法和注意事项。

4. 实验前，未经老师同意，不得随意移动实验材料、实验工具和仪器设备。

5. 实验室内严禁喧闹、吸烟、吃零食和用餐，不得随地吐痰和乱丢垃圾，保持实验室安静、清洁的环境。

6. 实验过程中，发现仪器设备有故障，应及时报告实验老师，做好登记；未经允许，禁止拆卸仪器设备；未经允许，禁止把仪器设备和试剂带出实验室。

7. 爱护公物，如损坏公物应及时报告实验老师，老师视损坏程度给予相应的处理。

8. 实验结束后，每一位学生须清洁自己用过的器具，并整理好放回抽屉，清理自己的实验台，套好显微镜的防尘罩。值日生按照实验老师的安排做好清洁卫生工作。

9. 离开实验室时，关闭实验室的水、电、气、门和窗，防止发生安全事故。

二、生物绘图

生物绘图是以植物为对象，运用专业的绘图技法，科学、客观、艺术且真实地呈现植物的结构特征而进行的绘制创作过程，是认识植物的一个重要手段。

（一）生物绘图所需工具

1. 绘图纸：A4 胶版纸或打印纸。

2. 铅笔：通常选用 2H 铅笔或 HB 铅笔。

3. 橡皮：宜选用绘图橡皮（一种白色质软的橡皮擦）。

4. 尺子：具有刻度的 15～21 cm 长的普通半透明直尺。

5. 铅笔刀。

（二）生物绘图的步骤（图 0-1）

1. 选材与观察：应选择生长正常的材料，而不是生长畸形或者发育不全的材料作为绘图对象材料。认真观察材料的整体形态及其细微部分的结构，按照实验要求，选取绘图所需的部位。

2. 合理布局：绘图前，应对绘图内容胸有成竹。根据绘图内容的数量和要求，在绘图纸上进行合理安排，把各图或图的构件放在合适的位置，总图和各构件在适当位置留空白做图注，在追求科学性的同时也要体现出它的艺术性。生物绘图具有严格的比例要求，在绘图时，可根据绘图的需求按一定比例放大或缩小进行绘制。

3. 初稿构图：根据一定的比例，用铅笔在绘图纸上定位所绘材料的轮廓。

4. 誊清图稿：在初稿的基础上，用清晰、连续而粗细均匀的线条绘制出详细结构。标本的生活部分或明暗处可用疏密不同的圆点表示。较亮的部分用疏点表示。较暗的部分用密点表示。遵循先疏后密的顺序，常以 3 个点为单位，逐渐铺开，不要毫无规律地乱点。打点时，笔锋保持削尖，落笔垂直在绘图纸上打点，所打的点应圆浑、用力均匀且疏密得体。绘图线条要平滑，绘制中等长线时，以手腕为支点，朝顺时针方向画；绘制较长长线时，手臂下方保持一定空间，使之可适度伸缩，手用力均匀，以肘部为支点，朝顺时针方向一气呵成，转弯时可转动绘图纸，调整到顺手的方向。

5. 保持纸面清洁：应尽可能避免叠笔、重画和错画，减少使用橡皮。只在绘图纸的一面绘图。

6. 书写规范：绘图纸上方书写实验序号和实验题目，右下角自上而下写上姓名、学号、班级、日期。图注一般统一放在图的右侧，若图注较多时，亦可标注在左侧或下侧等，注意布局合理美观。图注以平行横线引出，若无法保持平行，可用斜折直线，但在引出外部后仍用平行线。图的正下方写图的名称，包括植物名称、所属器官和展示内容等。

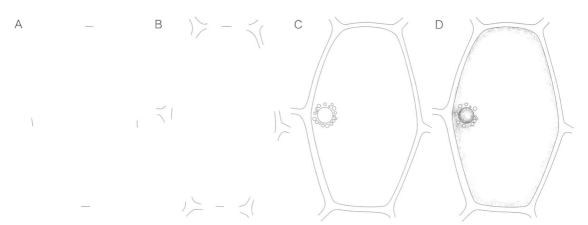

图 0-1　生物绘图步骤

实验一　普通光学显微镜和体视显微镜的构造及使用方法

一、实验目的和要求

1. 掌握普通光学显微镜和体视显微镜的构造，原理及使用方法。
2. 熟悉数码显微互动系统的操作方法。
3. 掌握水藏玻片标本的制作方法。

二、实验仪器及工具

1. 实验仪器：普通光学显微镜、体视显微镜。
2. 实验工具：载玻片、盖玻片、培养皿、解剖针、镊子、刀片、纱布、擦镜纸和吸水纸等。

每次植物学实验均需准备上述仪器及工具，在此后的实验中不再赘述。

三、实验材料

1. 颜色纤维玻片标本。
2. 水绵（*Spirogyra* sp.）新鲜材料。
3. 假臭草（*Praxelis clematidea*）新鲜材料。

四、实验内容

（一）普通光学显微镜使用及观察

1. 普通光学显微镜的放大原理

用显微镜观察标本时，光线由集光镜反射到聚光镜，汇集成 1 束较强的光束，通过载物台的通光孔射到标本上。标本被物镜第一次放大形成 1 个倒置的实像，再通过目镜第二次放大，进入观察者的眼帘。因此观察到的物像是经过两次放大的倒置虚像。普通光学显微镜的放大倍数 = 目镜的放大倍数 × 物镜的放大倍数。

2．普通光学显微镜的构造

▶ 视频 1–1
光学显微镜的结构
和使用

普通光学显微镜由机械部分、光学部分和照明部分组成。机械部分主要起支撑作用，包括底座、镜臂、双目镜筒、物镜转换器和载物台等。光学部分起放大物像的作用，包括物镜和目镜。照明部分起着照明和调节光线的作用，包括聚光镜和集光镜等（图 1–1）。

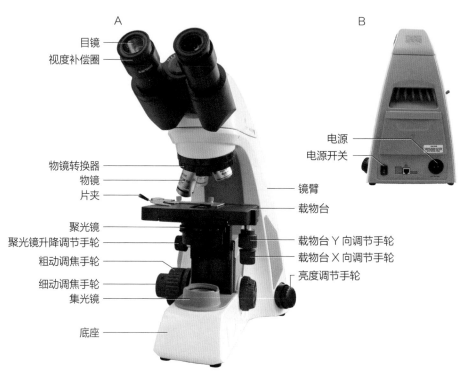

图 1–1　**普通光学显微镜**
A. 正面观；B. 背面观

3．普通光学显微镜的使用方法

（1）取镜：右手紧握镜臂，左手托住底座，放置于前方合适位置，便于坐着操作。

（2）对光：转动物镜转换器，使 10× 物镜对准通光孔，打开电源开关，转动亮度调节手轮，获得所需亮度。

（3）放置玻片标本：取颜色纤维玻片（有盖玻片的一面朝上）放在载物台上，用片夹固定好，转动载物台调节手轮使观察的材料正对通光孔。

（4）调节瞳距：根据目距，双手缓慢转动双目镜筒，使视野合二为一。

（5）视度调节：旋转每个目镜上的视度补偿圈，直到"0"位置。将 40× 物镜转入光路，转动细动调焦手轮重新对标本进行调焦。将 10× 物镜转入光路，不再调节调焦手轮，只通过转动目镜上的视度补偿圈，达到左右视场中标本的像同时齐焦。重复以上步骤两遍。

（6）对焦与观察：转动粗动调焦手轮，使载物台向上移动至最高位，然后双眼通过目镜边观察边转动粗动调焦手轮，使载物台徐徐下降，直至视野中出现放大物像为止，然后转动细动调焦手轮，直到观察到最清晰的 3 束不同颜色纤维。转动载物台调节手轮移动玻片标本，找到纤维的交叉点，并将其移至视野中央，转动细动调焦手轮，判断颜色纤维自上而下的重叠次序，并做好实验记录。

（7）经过低倍镜观察，目标区域置于视野中央，转动物镜转换器，切换至 40× 物镜，微调细动调焦手轮，直到看到清晰的物像。在切换高倍物镜时，由于物镜与玻片标本非常接近，转动速度要慢，同时从侧面观察，防止高倍镜头碰撞玻片，以免损坏镜头。

（8）显微镜观察时，若光线不适宜，可调节亮度调节手轮和聚光镜孔径光阑。

（9）换片：玻片观察完毕，如需换用另一张玻片时，通过转动物镜转换器将物镜转回空位或低倍镜，转动粗动调焦手轮降低载物台，打开片夹，取出玻片，换上新片，即可进行新一轮观察。

（10）结束观察时，下降载物台至最低，转动物镜转换器，使镜头离开通光孔，取下玻片，使载物台复位，亮度调至最低，关闭电源。做好显微镜的清洁工作，并放回原位，套上防尘罩。

（二）体视显微镜使用及观察

1．体视显微镜的放大原理

体视显微镜由一个共用的初级物镜对物体进行成像，成像后的两束光被两组中间物镜分开，并组成一定的体视角（一般为 12°～15°），再经各自的目镜形成具有立体感的正像。体视显微镜的放大倍数 = 目镜的放大倍数 × 物镜的放大倍数。

2．体视显微镜的构造

体视显微镜由机械部分、光学部分和照明部分组成。机械部分主要起着支撑作用，包括底座、立柱、双目观察筒、调焦手轮等。光学部分起放大物像的作用，包括物镜和目镜。照明部分起着照明和调节光学作用，包括光源和光源亮度调节旋钮等（图 1-2）。

3．体视显微镜的使用方法

（1）取镜：取下防尘罩；右手紧握立柱，左手托住镜座，保持镜身直立，放置在距桌子边沿 5～10 cm 处，便于坐着操作。

（2）调整工作距离：左手紧握镜体，右手松开锁紧螺钉①②，调整升降装置在立柱上的位置，使物镜下端面和被观察物体间的距离大体达到 110 mm，紧固锁紧螺钉①。将支承圈紧靠在升降机构下方，紧固锁紧螺钉②，防止镜体滑落，损坏仪器。

（3）选择台板：观察透明标本时，使用下光源，选用毛玻璃台板；观察不透明标本时，使用上光源，选用黑白台板。

（4）照明：打开电源总开关，根据使用的台板，选择打开对应的光源开关，并调节对应的亮度调节旋钮至合适的亮度。

（5）放置样品：取假臭草 1 朵花放在载玻片或培养皿或其他载体中，再放置

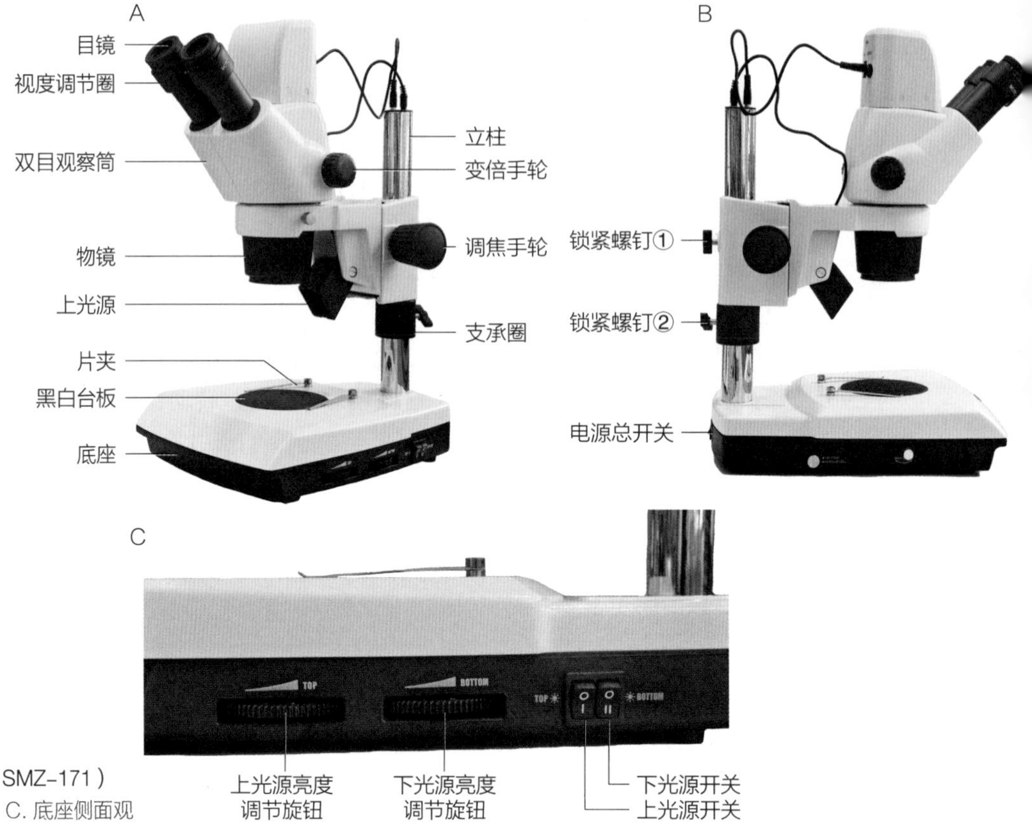

图 1-2　体视显微镜（SMZ-171）
A. 正面观；B. 侧面观；C. 底座侧面观

到载物台中央。禁止直接将样品放置在台板上，以免玷污载物台。

（6）调节瞳距：转动目镜筒，使眼点距处在最大位置。双眼靠近目镜，双手慢慢转动目镜筒，使眼点距朝小的方向变化，直到双眼的视野合二为一。

（7）调焦和视度调节：转动左右目镜上的视度圈使视度圈上位于"+""-"号之间的圆点对准目镜上的刻线。先用右眼从右目镜中观察。将变倍手轮转至最低放大倍数，转动调焦手轮和视度调节圈对标本进行调焦，直至标本的图像清晰后，再把变倍手轮转至最高放大倍数，重新调焦至标本的图像完全清晰。将变倍手轮旋回最低放大倍数，如果图像不清晰，重复上述过程。

将变倍手轮旋至最高放大倍数，用左眼从左目镜中观察同一标本，如图像不清晰，应调节左目镜上的视度调节圈，至标本的图像完全清晰。至此，左右高低倍时均能看到清晰图像。

（8）观察：根据观察需要，转动变倍手轮选择合适的倍数进行解剖，观察假臭草的苞片、小苞片、冠毛、子房、蜜腺、聚药雄蕊、花柱、柱头、附器等结构。

■ 文本 1-1
显微镜使用的注意事项

（9）结束观察时，变倍手轮调至最低倍数，光源亮度调至最小，关闭所有电源开关；移走样品，做好体视显微镜的清洁工作；将体视显微镜放回原位，罩上防尘罩。

（三）水藏玻片标本制作

水藏玻片标本是用水把需要观察的材料封藏起来所做成的临时性玻片标本。

1．准备工作

载玻片和盖玻片用洗洁精进行清洗，并用流水冲洗干净，晾干，或用纱布擦拭干净。擦拭时用左手的拇指和示指捏住载玻片或盖玻片的侧面，用右手的拇指和示指拿纱布夹住载玻片的上下两面来回抹拭。盖玻片很薄，擦拭时注意力度，以免压碎。

2．材料的处理

材料可以是新鲜的或固定液浸泡的或干标本。若是干标本，应先用 70% 乙醇浸泡，或用热水浸泡，待材料完全浸润后再进行制片。

3．制作水藏玻片

根据实验材料的类型以及观察目的和要求，采用合适的方法制作水藏玻片。

（1）单细胞或群体类型：用吸管吸取含有材料的水液，滴 1～2 滴在载玻片中央，加上盖玻片即成。对于自由运动种类，如：衣藻、裸藻和羽纹硅藻等，如果观察对象运动太活泼，可用吸水纸自盖玻片边缘吸取部分水液，使观察对象的运动减慢。另外可在盖玻片一侧的边缘加 1 滴碘液（碘 – 碘化钾溶液），再从相对的一侧用吸水纸吸取部分水液，可达到固定材料和对蛋白核和鞭毛等结构进行染色的目的。

■ 文本 1–2
封片与保存

（2）丝状体类型：对于丝状体类型，如水绵、丝藻、无隔藻、根霉、白粉病菌等，用解剖针或镊子取少许材料，或用刀片刮取白粉病菌等真菌病菌，放在载玻片中央的水滴中，用解剖针小心将材料分散，盖上盖玻片。镊取材料量要适当，不能太多，以防止材料相互重叠交缠，妨碍观察。

五、作业

1．观察颜色纤维玻片标本，判断其纤维自上而下的次序，并请老师检查是否正确。

2．根据观察结果，绘制水绵的形态结构图。

3．对假臭草 1 朵花进行解剖和拍照，同时注明各个结构，最后上传作业至数码显微互动软件的教师端。

■ 文本 1–3
数码显微互动软件
（学生端）的使用
方法

六、思考题

1．比较普通光学显微镜和体视显微镜的主要异同点。

2．显微镜的发明和应用对人类有什么重要意义？

实验二　植物细胞的形态结构

一、实验目的和要求

1. 观察植物叶表皮细胞，了解植物细胞的基本构造，认识植物细胞壁的结构特征。

2. 认识白色体、叶绿体和有色体三种质体类型。

3. 了解植物后含物的形态和化学鉴定方法。

4. 掌握徒手切片操作方法。

二、实验材料

（一）实验试剂（部分试剂的配制方法见附录四）

碘－碘化钾溶液、改良碱性品红染色液（卡宝品红）、苏丹Ⅲ溶液、95% 乙醇溶液。

（二）观察材料

1. 水竹草（*Tradescantia zebrina*）叶。

2. 洋葱（*Allium cepa*）鳞茎。

3. 夹竹桃（*Nerium oleander*）叶及叶横切玻片。

4. 水王荪（黑藻）（*Hydrilla verticillata*）叶。

5. 辣椒（*Capsicum annuum*）果实。

6. 西红柿（*Solanum lycopersicum*）果实。

7. 胡萝卜（*Daucus carota* var. *sativa*）根。

8. 马铃薯（*Solanum tuberosum*）块茎。

9. 蓖麻（*Ricinus communis*）种子。

10. 玉米（*Zea mays*）果实。

11. 柿（*Disopyros kaki*）胚乳细胞玻片。

三、实验内容

（一）植物细胞的基本构造
1．水竹草

先在干净的载玻片上滴 1 滴蒸馏水，用刀片在水竹草叶背面中脉处割一浅斜口，然后用镊子沿中脉撕取一小块下表皮，迅速置于载玻片水滴中央，注意光滑表皮的一面朝上，撕离叶片的一面朝下。借助解剖针小心将材料展平，盖上盖玻片，尽量避免产生气泡，并用吸水纸吸去多余水分。先在低倍镜下（如 4×、10×）观察表皮细胞的整体形态。然后在高倍镜下（40×）仔细观察其中一个表皮细胞的基本构造（图 2-1）。

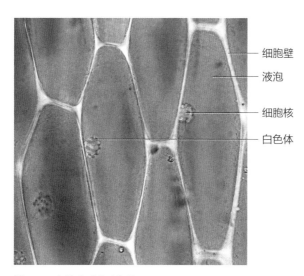

细胞壁
液泡
细胞核
白色体

图 2-1　水竹草叶表皮细胞

（1）表皮细胞排列整齐、呈六边形。注意观察两相邻细胞间是否有明显的胞间隙。

（2）细胞壁位于细胞的最外围，是植物细胞特有的结构。由胞间层、初生壁、次生壁三层组成，但是在光学显微镜下，一般只能看到一层。

（3）细胞质呈一薄层，为半透明胶质，位于中央液泡与细胞壁之间，在光学显微镜下不易观察到。注意质膜只能在电子显微镜下才能观察到。

（4）细胞核位于细胞质内，水竹草表皮细胞具 1 个细胞核，观察细胞核内核仁的数目和形状。细胞核外聚集有多个白色小球体，这是植物细胞中的_____（请填空）。

（5）液泡是植物细胞特有的结构。成熟的植物细胞具有大的中央液泡且充满细胞液，水竹草叶表皮细胞的液泡内因富含花青素而呈紫红色。

2．洋葱

用镊子撕取 1 小块洋葱鳞片叶内表皮，做成水藏玻片置于光学显微镜下观察

■ 文本 2-1
洋葱表皮细胞结构

其表皮细胞的结构。如果颜色较淡、不易分辨时，可加 1 小滴改良碱性品红染色液染色后观察。

（二）植物细胞中的质体

质体是植物细胞特有的结构，根据其结构、功能和所含色素类型可分为白色体、叶绿体和有色体。

1. 白色体

白色体是不具色素的质体，多为小球形体，常存在于幼小或不见光组织细胞中，见光后转化成叶绿体或有色体。水竹草叶表皮细胞的白色体为圆形白色的小球体，常聚集于细胞核的周围。

2. 叶绿体

叶绿体是一类含有叶绿素的质体，叶绿体中同时含有类胡萝卜素和叶黄素等色素，普遍存在于植物绿色部分的细胞中。

（1）选取夹竹桃稍幼嫩的叶片做徒手切片，为便于切片，可先用刀片沿主脉为中心线切取一段叶，其宽度约为 5 mm、长度视叶片长度而定。徒手切片（见附录一）后放在显微镜下观察，其叶肉细胞中呈球形或椭圆形的绿色小颗粒即为叶绿体。

▶ 视频 2-1
水王荪叶绿体运动

（2）用镊子取水王荪茎尖嫩叶，做成水藏玻片，观察叶片细胞中叶绿体的形状、颜色及数目（图 2-2A）。在显微镜下缓缓移动叶片，特别注意边缘或靠近中脉部分的细胞，是否观察到细胞中的叶绿体在移动？这是由于细胞质在胞内围绕液泡流动从而带动其中的叶绿体作旋转式运动。

3. 有色体

有色体是一类含类胡萝卜素和叶黄素的质体，由白色体或叶绿体转化而来，常见于花瓣和果实中。

（1）从辣椒果实上切取一小块外果皮，光滑的表皮面朝下放置于载玻片上，用刀片轻轻地刮去果肉（中果皮和内果皮），只留一薄层外果皮，然后再翻转过来使光滑面朝上，做成水藏玻片，在显微镜下观察。注意观察细胞质中有色体的形态和颜色（图 2-2B）。辣椒果皮细胞次生壁在初生壁的基础上强烈增厚，不增厚部分留下的小缝隙为单纹孔。

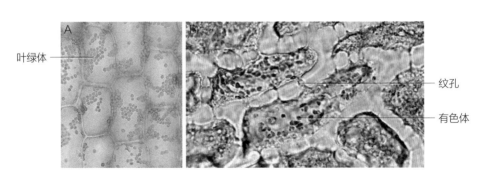

图 2-2　质体
A. 水王荪叶细胞中的叶绿体；B. 辣椒果实外表皮

（2）对比观察西红柿果肉和胡萝卜（*Daucus carota* var. *sativa*）根细胞内的有色体，将材料徒手切片（见附录一）后在显微镜下观察，西红柿果肉和胡萝卜根细胞内有色体多为橙红色或黄色的颗粒状或棒状。

（三）植物细胞的后含物

1．淀粉粒

用解剖针或刀片在切开的马铃薯块茎上轻轻刮取少许颗粒组织，置于载玻片上，做成水藏玻片。显微镜下观察，可见许多鹅卵石状的颗粒，即为淀粉粒。注意观察轮纹和脐点。从盖玻片的一侧加少量碘 – 碘化钾溶液，观察淀粉粒颜色的变化。

2．蛋白质粒

取浸泡过的蓖麻种子，在胚乳细胞上滴 1 滴 95% 乙醇，再加上 1 滴碘 – 碘化钾溶液，在显微镜下观察染成黄色的蛋白质粒（糊粉粒）。

3．糊粉层

禾本科植物如玉米等果实的糊粉粒集中在胚乳外层细胞中而形成糊粉层。取 1 粒浸泡过的玉米粒做徒手切片，并滴 1 滴碘化钾溶液染色，可看到在果皮内有一层黄色、大而排列整齐的方形细胞，即含有蛋白质的糊粉层。胚乳其他部分细胞含淀粉，遇碘变成蓝色。

4．脂肪

取浸泡吸胀过的蓖麻种子做徒手切片，用苏丹Ⅲ染色后，稍加热后置于显微镜下观察，可见许多橙黄或橙红色的球体，即为油滴。苏丹Ⅲ也能使树脂、挥发油、角质和栓质染成橙红色，注意区分。

（四）植物细胞壁的结构及组成

1．细胞壁结构

细胞壁包括中胶层（胞间层）、初生壁和次生壁。中胶层是相邻两个细胞共有的结构，主要成分为果胶质。初生壁与次生壁的主要成分为纤维素。用锋利的刀片切取一段辣椒果实，纵向切开并去掉其中的种子，用镊子撕取一小块白色膜状内果皮，做成临时水藏玻片后镜检。可见辣椒果实内表皮细胞次生壁呈强烈不均匀增厚，在两相邻细胞的初生壁处形成纹孔（图 2–3）。

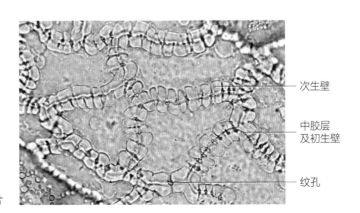

次生壁

中胶层
及初生壁

纹孔

图 2-3　辣椒内果皮撕片

2. 细胞壁化学性质

■ 文本 2-2
细胞壁化学成分
观察

细胞壁的主要结构物质为纤维素，但部分细胞的细胞壁往往有角质、栓质或木质素沉积。

（五）植物细胞胞间连丝

观察柿胚乳永久切片。在低倍镜下，可见胚乳细胞轮廓很清晰。胚乳细胞为营养贮藏细胞，为死细胞，可见染成蓝紫色的很厚的细胞壁。转换高倍镜后，稍调暗光线，在两个相邻细胞间，可看到一些很细的丝线，稍稍有弯曲，即胞间连丝。胞间连丝是细胞间物质运输和信号传导的通道。注意柿胚乳细胞腔内黑色部分是内含物，如蛋白质、淀粉等，白色部分则可能是切片的原因，将内含物挤到一边形成空白区。

四、作业

1. 绘水竹草的一个表皮细胞图（表明与周围细胞的关系），并注明光学显微镜下可见的细胞结构名称。

2. 绘洋葱鳞片叶内表皮细胞图，并注明细胞壁、细胞质、细胞核、液泡。

3. 列出本实验中观察到的植物细胞储藏物及其特征。

五、思考题

1. 光学显微镜下可观察到哪些细胞结构？其中植物细胞特有的结构有哪些？

2. 比较三种质体的特征和功能。如何区别细胞内的花青素与有色体？

3. 在光学显微镜下如何辨别植物细胞原生质在流动？有何生物学意义？

4. 徒手切片有哪些优缺点？有哪些步骤可做改进？

实验三　植物细胞的有丝分裂

一、实验目的和要求

1. 学习利用临时压片技术观察新鲜植物材料有丝分裂的方法。
2. 认识和掌握植物细胞有丝分裂的全过程及其各分裂期的主要特征。

二、实验材料

（一）实验试剂

FAA 固定液、离析液、改良碱性品红染色液、醋酸洋红染液、无水乙酸溶液（20%、45%）、乙醇溶液（30%、50% 和 70%）。

（二）观察材料

1. 洋葱（*Allium cepa*）新鲜鳞茎。
2. 洋葱（*Allium cepa*）根尖玻片标本。

三、实验内容

（一）洋葱根尖有丝分裂材料的准备及临时压片制作

1. 取材：将洋葱鳞茎的基部浸泡在水中，室温培养 3～5 d，待新根长至约 2 cm 时，即可取用。
2. 离析固定：挑选并剪下生长良好的根尖（约 0.5 cm），放入装有 FAA 固定液和离析液的小瓶中，浸泡 5 min。此处需控制时间，处理时间过长，染色体受到破坏，染色效果差。处理时间过短，材料离散不充分，效果不好。
3. 清洗：吸走固定液和离析液，用蒸馏水浸洗根尖 3 次，每次 5 min。
4. 染色：将处理好的根尖放在载玻片上，用刀片切取乳白色的分生区，再用镊子轻轻捣碎，滴加 1 滴改良碱性品红染色液，染色约 5 min。用吸水纸吸走染色液，滴上 45% 无水乙酸溶液，进行分色处理。
5. 压片：轻轻盖上盖玻片。在盖玻片的上面铺上一层吸水纸，固定好盖玻片后，用手指轻轻垂直压片，或用铅笔的橡皮头或橡皮轻压，使根尖压成均匀的薄层，制成临时压片。

（二）观察洋葱根尖有丝分裂

有丝分裂是植物细胞增殖的主要方式。有丝分裂是一个复杂的过程，根据其形态变化特征被人为地划分为前期、中期、后期和末期四个时期，但是各个时期之间没有明显的界限，而是一个连续的渐变过程。

1. 间期：细胞核内染色质分布均匀，核仁明显，细胞质浓。组成染色体的DNA和组蛋白在此时期复制。

2. 前期：细胞核膨大，染色质浓缩成细长的螺旋状丝，并逐渐缩短变粗，最后成为染色体。晚前期，核仁、核膜逐渐消失。

3. 中期：染色体更加缩短变粗，聚集在细胞中央的赤道板上。染色体纵裂成两条染色单体，但着丝粒未分裂。细胞质中出现纺锤丝。

4. 后期：纺锤丝收缩，着丝粒纵裂，形成两组染色单体分别向细胞两极移动，至两极为止。

5. 末期：移至两极的染色体解螺旋，并伸长变细成为染色丝，最后变成染色质。核仁、核膜重新出现。纺锤体消失。两个新核之间形成细胞板，进而形成细胞壁，最后形成两个子细胞。

在普通光学显微镜下观察临时压片或洋葱根尖玻片标本，先在低倍镜下寻找处于分裂期的细胞，然后转到高倍镜进行详细观察各个时期的染色体数目和形态特征变化（图3-1）。

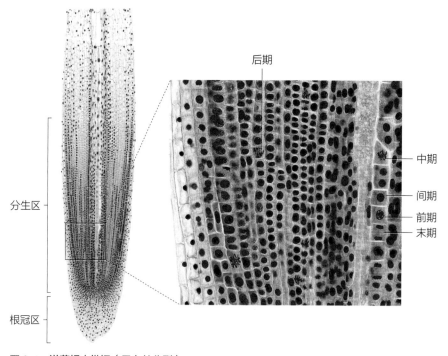

图3-1 洋葱根尖纵切（示有丝分裂）

四、作业

1. 总结植物细胞有丝分裂各个时期的主要特点。
2. 利用洋葱根尖压片观察有丝分裂的关键环节是什么？
3. 拍摄洋葱根尖细胞有丝分裂各时期细胞，并通过数码显微互动系统提交作业。

五、思考题

1. 植物细胞有丝分裂有何重要意义？
2. 为什么取根尖乳白色的区域进行制片？
3. 细胞周期各个时期的 DNA 含量有什么变化？
4. 除了根尖，还有什么材料可用于植物染色体的计数？

实验四　植物的组织

一、实验目的

掌握植物分生组织、薄壁组织、保护组织、输导组织、机械组织、分泌组织的形态构造特点及其在植物体中的分布位置。

二、实验材料

（一）实验试剂
番红染液

（二）观察材料
1. 洋葱（*Allium cepa*）根尖纵切面玻片标本。
2. 水王荪（*Hydrilla verticillata*）茎顶端纵切面玻片标本。
3. 莲藕（*Nelumbo nucifera*）根状茎横切。
4. 大红花（*Hibiscus rosa-chinensis*）叶新鲜标本。
5. 灯心草（*Juncus effusus*）茎纵横切面玻片标本。
6. 水稻（*Oryza sativa*）植株（带幼根）。
7. 水竹草（*Tradescantia zebrina*）叶新鲜标本。
8. 苹果（*Malus pumila*）果皮横切。
9. 南瓜（*Cucurbita moschata*）茎纵横切面玻片标本。
10. 黄豆（*Glycine max*）豆芽。
11. 接骨木（*Sambucus williamsii*）茎横切面玻片标本。
12. 芹菜（*Apium graveolens*）叶柄。
13. 黄麻（*Corchorus capsularis*）茎纵横切面玻片标本。
14. 大麻（*Cannabis sativa*）纤维玻片。
15. 梨（*Pyrus* sp.）果实横切面玻片标本。
16. 睡莲（*Nymphaea tetragona*）叶横切片。
17. 马尾松（*Pinus massoniana*）茎纵横切面玻片标本。
18. 柑橘（*Citrus* sp.）果实。
19. 蒲公英（*Taraxacum mongolicum*）根纵切。

三、实验内容

（一）分生组织

1．根尖分生组织

取洋葱根尖纵切面玻片，观察分生区（生长锥）（见图 3–1），可见其细胞排列紧密整齐，细胞正进行有丝分裂，可找到处于不同细胞分裂时期的细胞。

2．茎端分生组织

取水王苏茎顶端纵切面玻片于显微镜下观察，可见茎的顶端有一群细胞形状较小，排列较整齐，紧密，细胞质浓厚，细胞核较大，无大液泡或有小而分散的液泡，这是茎顶端分生组织。

（二）薄壁组织

细胞近乎等径，细胞壁薄，有细胞间隙，细胞质较浓厚，液泡多而分散。

1．贮藏薄壁组织

将莲藕根状茎做徒手切片，并制成水藏玻片。观察莲藕根状茎的横切面，可见细胞内贮藏大量淀粉粒等营养物质。贮藏薄壁组织主要存在于植物体的哪些部位？

✦ 图片 4–1
莲藕薄壁组织

2．同化薄壁组织

取大红花叶作徒手切片，显微镜下观察，可见叶片上、下表皮之间有呈绿色的同化薄壁组织，上表皮由一层大而排列整齐的细胞所组成，在上表皮下方有一层排列整齐，呈圆柱形的长形细胞是栅栏组织，细胞内的叶绿体数量较多，在栅栏组织下方（下表皮内侧）是排列疏松、形状不规则的细胞是海绵组织，细胞中叶绿体数量较少。

3．通气薄壁组织

取灯心草茎纵横切面玻片，先观察横切面，再观察纵切面。可见，表皮细胞一层，表皮下的数层薄壁组织含有叶绿体，称同化薄壁组织。薄壁组织之间有大小不等的圆形空腔，称为通气道，与维管束相间，围成一圈；茎中央为大量疏松、分支的薄壁组织，构成发达的通气组织（图 4–1）。注意对比纵横切面中各部分结构的位置，理解其立体结构特征。

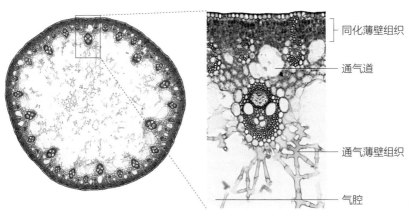

图 4–1　灯心草茎薄壁组织细胞

4．吸收薄壁组织

取水稻幼根，先用肉眼观察，可见在根毛区有许多毛状突起，这是根毛，然后取幼根制成水藏玻片，用手轻轻压盖玻片，把盖玻片下的幼根压扁，在低倍镜下观察根毛的形态。

（三）保护组织

（1）用撕片法制作水竹草叶表皮和大红花叶下表皮水藏玻片。观察上述两种植物叶片表皮结构特征：表皮细胞是生活细胞，细胞壁互相嵌合，细胞排列致密，无细胞间隙，在表皮细胞之间可见气孔器，它是由两个半月形的含有叶绿体的保卫细胞及其间的开口所组成，在保卫细胞周围可见到不同方式排列的副卫细胞。

（2）取苹果果皮横切面装片，在显微镜下观察果皮的结构，注意角质层的特点。

（四）输导组织

1．观察南瓜茎玻片

先在低倍镜下观察，在横切面上，可见维管束排列成内外两环（图4-2）。在高倍镜下仔细观察其中一个维管束：占据维管束中部的是木质部（染成红色），维管束外侧为外韧皮部，内侧为内韧皮部（皆染成绿色），这种类型的维管束称

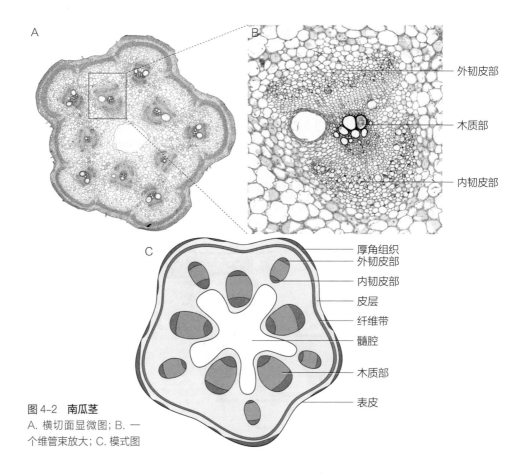

图4-2 南瓜茎
A. 横切面显微图；B. 一个维管束放大；C. 模式图

为双韧维管束。在木质部内有管径大小不等的圆孔，为导管的横切面观。注意大、小导管的位置和分布。导管是生活细胞还是死细胞?

在内外韧皮部观察筛管，其横切面观为多边形的薄壁细胞，有的筛管可见筛板，筛板上可见筛孔。在筛管旁边有呈三角形或梯形的较小的薄壁细胞，为伴胞。注意比较筛管和伴胞在大小、染色方面的差异，筛管较_____，染色较_____，而伴胞较_____，染色较_____，这是由于伴胞的功能是_____，需要进行活跃的代谢。

再观察南瓜茎纵切面，找到维管束所在部分，观察木质部中导管纵切的形态，可见导管分子的横壁消失，彼此相连成筒状。导管管壁有环纹、螺纹、梯纹、网纹和孔纹等不同程度的木质化增厚，注意不同类型导管排列位置及其管径大小的变化规律。联系横切面的结构特征，理解南瓜茎的立体结构。观察韧皮部中筛管的纵切形态，可见筛管呈长筒形，在两个筛管分子的连接处可见筛板和筛孔。在筛管旁有时可观察到较细小的长形细胞，其内原生质浓厚，即为伴胞。

2. 观察黄豆芽幼根

取培养好的黄豆芽幼苗，先观察期外形，然后做下胚轴部位的压片，仔细观察，看是否能看到导管的各种类型和加厚特征（图4-3）。

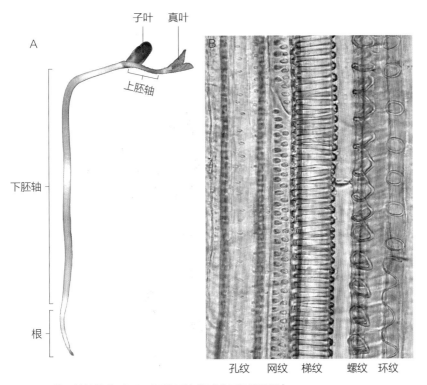

图4-3 黄豆芽幼苗（A）及下胚轴压片（B）（示导管类型）

（五）机械组织

1．厚角组织

（1）观察接骨木茎横切面，最外层为表皮细胞。紧贴表皮下方为周皮，周皮内侧局部位置上（不呈连续环状）为数层厚角组织细胞。细胞幼嫩时呈多角形，角隅上有纤维素的初生壁增厚，变老时，主要在细胞的切向壁上加厚，称板状厚角组织。

（2）制作芹菜叶柄的徒手切片，并制作临时水藏装片，用番红染色，置于显微镜下，观察叶柄的棱角处，在表皮和维管束之间有一团厚角组织，细胞壁较厚，并有光泽，可被番红染成红色。

2．纤维

（1）观察黄麻茎的纵横切面（图 4-4A）。先观察横切面，在韧皮部可见纤维细胞数个至数十个聚集在一起，纤维细胞呈多边形，细胞壁全面增厚，中空部分为细胞腔。再观察黄麻茎纵切面，纤维细胞聚集成束状，每个纤维细胞呈狭长纺锤形，两端细尖，纤维细胞的顶端之间彼此贴合，组成牢固坚韧的结构。

（2）观察大麻纤维装片，可见长纺锤形的纤维细胞。

3．石细胞

（1）观察梨果肉横切面玻片，可见在薄壁组织中分布有由多个等径的石细胞组成的石细胞群，石细胞呈多边形或近圆形，细胞壁强烈增厚，壁上有分枝纹孔，细胞腔小（图 4-4B）。石细胞是生活细胞吗？

（2）观察睡莲叶横切片。在叶肉组织内可见染成红色的多角形石细胞。

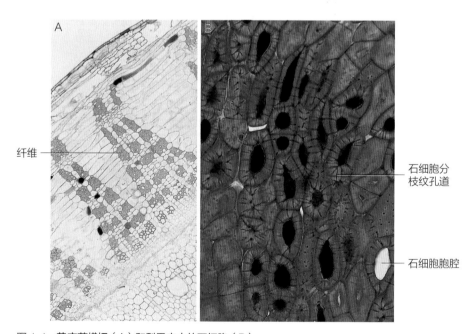

纤维

石细胞分枝纹孔道

石细胞胞腔

图 4-4　黄麻茎横切（A）和梨果肉中的石细胞（B）

（六）分泌组织

（1）取马尾松横切面玻片标本，在显微镜下观察，在茎的皮层和木质部内，可见树脂道，其树脂道是由分泌细胞的细胞壁中层溶解，细胞互相分离而形成的管道状的胞间隙，称为＿＿＿＿＿＿＿树脂道。这些分泌细胞又称上皮细胞，在横切面上呈半月形，富含细胞质。

（2）取柑橘果实，观察外果皮上透明的油囊，用手挤压外果皮，油囊中有分泌物质溢出。采用徒手切片法将外果皮制成临时装片，在显微镜下观察分泌腔，油脂分泌细胞的形态。柑橘分泌腔是由分泌细胞解体而成，腔周围可见损坏溶解的细胞，称为＿＿＿＿＿＿＿分泌腔。

（3）取蒲公英根／茎纵切面玻片标本，在显微镜下观察乳汁管结构，注意乳汁管是单细胞还是多细胞组成，乳汁管是否有节。

四、作业

1. 绘南瓜茎不同次生壁增厚类型导管的纵切面图。
2. 列表比较导管、管胞、筛管和伴胞在形态、结构、输导功能以及在植物体分布上的异同。
3. 比较厚角组织、厚壁组织在形态结构与功能上的异同。

五、思考题

1. 试比较根尖分生组织与茎端分生组织构造特点。
2. 薄壁组织分布在植物体内哪些部位？执行何种生理功能？
3. 水竹草叶片的表皮与大红花叶片的表皮细胞其形状、排列有何不同？
4. 为什么管胞输导水分的效率比导管低？
5. 导管是细胞还是组织？

实验五　根的初生构造和次生构造

一、实验目的

1. 了解根尖的结构及顶端生长。
2. 掌握双子叶植物与单子叶植物根的初生构造。
3. 学习双子叶植物根的维管形成层和木栓形成层的产生及活动，掌握根的次生构造。
4. 了解侧根发生的部位及其形成规律。

二、实验材料

1. 小麦（*Triticum aestivum*）根尖纵切面玻片。
2. 萝卜（*Raphanus sativus*）幼根。
3. 莴笋（*Costus lacerus*）。
4. 洋葱（*Allium cepa*）根尖纵切面玻片。
5. 蒜（*Allium sativum*）新鲜材料及根横切面玻片。
6. 毛茛（*Ranunculus japonicus*）根横切面玻片。
7. 玉米（*Zea mays*）根横切面玻片。
8. 砂仁（*Amomum villosum*）根横切面玻片。
9. 黄豆（*Glycine max*）豆芽。
10. 蓖麻（*Ricinus communis*）根横切面玻片（示维管形成层出现）。
11. 胜红蓟（*Ageratum conyzoides*）根横切面玻片。
12. 栓皮栎（*Quercus variabilis*）根横切面玻片。
13. 蚕豆（*Vicia faba*）根横切面玻片。
14. 文心兰（*Oncidium*）。

三、实验内容

（一）根尖的结构
1. 小麦（或洋葱）根尖纵切面玻片观察（见图 3-1）
在显微镜下，可见根尖分为 4 个部分：

（1）根冠：呈帽状覆盖于根尖的最前端，外层的细胞较大，排列疏松，内层的细胞较小，排列紧密。根冠为_____组织。

（2）分生区（生长锥）：位于根冠的上方，为_____组织，细胞小而排列紧密。细胞壁薄、核大、质浓，分裂能力强，在切片中可见有丝分裂的分裂相。

（3）伸长区：在分生区上方，细胞迅速伸长，液泡出现，维管组织开始初步分化。有的切片中能见到一种特别宽大的成串的细胞，是正在分化中的幼嫩的导管细胞。

（4）根毛区（成熟区）：在伸长区上方，表皮细胞向外突出、延长形成根毛。维管束逐渐分化成熟，导管出现。

上述各区是逐渐变化并不断向前推进的，因此各区之间没有明显的界限。但在植物组织、细胞的形态结构上明显地发生着渐变。

2. 萝卜或莴笋幼根观察
取萝卜或莴笋新萌发幼苗，观察其根尖构造。可见，根的最顶端有数毫米光滑无毛，此部分包括根冠、分生区和伸长区，其中根冠区细胞较大，肉眼观察相对透明，分生区和伸长区的细胞较为致密，呈白色。在伸长区上方具致密的根毛，为根毛区或成熟区。将根尖沿中央纵切，压片，在显微镜下观察，比较各部分细胞结构特征。高倍镜下观察根毛细胞，可见其细胞核位于细胞尖端，根毛内原生质进行比较活跃的胞质环流，显示根毛具活跃的生理功能。

▶ 视频 5-1
莴笋根毛细胞的胞质环流

（二）根的初生结构
1. 蒜根、毛茛根或玉米根横切面玻片标本观察
在显微镜下观察，根横切面由外至内可见下列部分：

（1）表皮：位于根的最外层，为一层扁平生活细胞，排列整齐、紧密，是_____组织。注意有无根毛。

（2）皮层：由外皮层、薄壁细胞及内皮层组成，占据根横切面的最大面积。

① 外皮层：皮层最外的一层细胞，紧接表皮，排列整齐，细胞小。表皮脱落后外皮层细胞经木栓化后行保护作用，代替表皮。

② 皮层薄壁组织：外皮层与内皮层之间的数层薄壁细胞，排列疏松，有胞间隙，内含物丰富，为贮藏组织。

③ 内皮层：是皮层最内紧靠维管柱的一层细胞。细胞排列紧密，没有细胞间隙。内皮层细胞具有特殊的凯氏带或五面增厚结构。凯氏带是指细胞的径向壁和上下横壁成带状的加厚，并且木质化和栓质化，通常在显微镜下仅能观察到凯氏点（图 5-1）；五面增厚则是指细胞除外切向面以外，其余五面增厚均增厚，

内皮层五面增厚的植物在正对木质部的内皮层细胞的细胞壁仍保持凯氏带增厚，为通道细胞（图5-2）。

（3）维管柱（中柱）（图5-1，图5-2）：内皮层以内的所有组织统称为维管柱，初生根的维管柱面积小于皮层面积。

中柱鞘：是维管柱最外层，紧靠内皮层的一层薄壁细胞，细胞较大，排列紧密，具有潜在的分裂能力，可产生侧根、木栓形成层和不定根等。

蒜根和毛茛根的初生木质部和初生韧皮部位于根内的中央部分，无髓的分化。初生木质部与初生韧皮部呈辐射状相间排列，木质部为4～6原型，注意木质部的发育方向是外始式。初生韧皮部位于初生木质部星芒之间与木质部相间排列。原生韧皮部在外，后生韧皮部在内，也属外始式。毛茛为双子叶植物，在木质部和韧皮部之间的薄壁细胞具潜在分裂能力，在次生生长时，发育成形成层。蒜根无形成层。

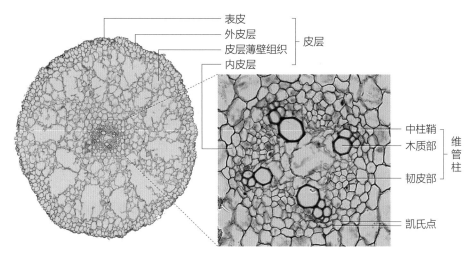

图5-1　毛茛根的初生结构（示内皮层和维管柱）

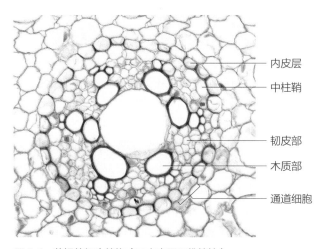

图5-2　蒜根的初生结构（示内皮层和维管柱）

玉米根维管柱的中央具髓的分化。原生木质部约有 12 组导管，口径小，发生早，具有螺纹状和环纹状的增厚；后生木质部约为 6 束口径增大的导管，成熟较晚，故在切片上染色较浅，待其成熟时为孔纹或网纹增厚。每个后生木质部导管常与 2 个原生木质部导管相对应，韧皮部细胞不太明显，须换高倍镜观察。

通过类似方法，观察砂仁根横切面：砂仁根中央具髓，多原型，内皮层五面增厚。

2．蒜根和黄豆芽根横切面的徒手切片

对比观察蒜根和黄豆芽根横切面的结构特征，并与上述根横切面玻片观察到的结构对比，理解其差异及形成原因。

（三）根中形成层出现及发育

根的次生结构是维管形成层活动的结果。根维管形成层形成时，首先在正对初生木质部的位置形成维管形成层片段，形成层片段之间的薄壁细胞恢复分裂能力，片段之间相互连接，成波状一圈，与此同时，形成层向内向外分别形成次生木质部和次生韧皮部，维管形成层本身变成环状一圈。随着根的次生结构形成，皮层以外的部分逐渐被挤毁、脱落。

✿ 图片 5-1
根维管形成层发育示意图

观察蓖麻根横切面，按照从右至左的排列顺序显示形成层的出现和发育，根由初生构造向次生构造发展过程（图 5-3）。

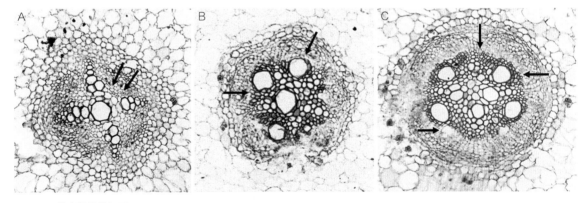

图 5-3　蓖麻根的横切面
示维管形成层的活动和发育，箭头示维管形成层。A. 初生结构，出现维管形成层片段（常 1～2 层细胞）；B. 维管形成层波浪状一圈；C. 次生结构，环状维管形成层成环状一圈

根的初生期：可见表皮，皮层、内皮层，中柱鞘，呈四原型的初生木质部，与初生木质部相间排列的初生韧皮部，注意观察木质导管分子的口径，在中央导管口径特别小，在中央向外，导管口径差异不大，显示内层导管分子为环纹或螺纹导管，先成熟。

形成层的出现和发育：内皮层细胞壁可见凯氏带，紧贴内皮层的 4～5 层扁平细胞是中柱鞘，在初生木质部辐射棱之间，可见 1～2 层排列较整齐的扁平细胞，此为片断的维管形成层。

根的次生生长：维管形成层已发展成完整的一圈，呈波浪状。

根次生构造：维管形成层发展成一维管形成层环，因为维管形成层细胞正在分裂，因此有多层细胞，称为维管形成层区。选择蓖麻根另一具次生构造横切面玻片，继续观察蓖麻根的次生构造，注意与它的初生构造进行比较，总结根由初生构造转向次生构造的发育规律。

观察胜红蓟根横切面玻片。该玻片显示形成层的活化和发育过程、以及根由初生构造逐渐向次生构造发展过程。

（四）根的次生构造

在显微镜下观察栓皮栎根次生构造的横切面玻片标本（图5-4）。

（1）根的外方还有表皮吗？如果没有，什么组织代替了它？

（2）观察周皮的结构，由数层整齐、放射状排列的细胞所组成，注意区分木栓层、木栓形成层和栓内层。

（3）找出维管形成层区的位置。次生韧皮部位于形成层的外侧，它由筛管、伴胞、薄壁细胞、韧皮纤维、石细胞群、韧皮射线、含晶细胞和被挤压破的韧皮部组织组成。次生木质部位于形成层的内侧，占面积最大，由导管、木薄壁细胞、木纤维、木射线及含晶细胞组成。

（4）木射线与韧皮射线相连，两者统称维管射线，与初生木质部相对应的射线薄壁组织往往由多列细胞组成。

（5）细心观察可见初生木质部保留在根的中央，5~6原型，呈辐射星芒状。

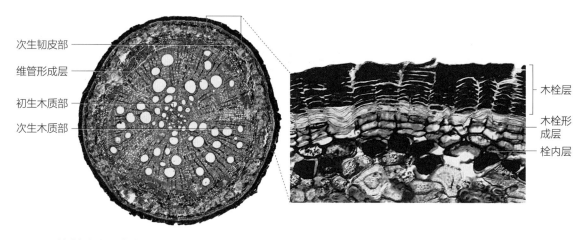

图5-4　栓皮栎根的次生结构

（五）侧根的形成

取蚕豆根横切面玻片标本，在显微镜下观察，可见侧根起源于与初生木质部相对应的中柱鞘。因此，侧根是_____起源。中柱鞘细胞分裂形成侧根的生长点，生长点继续分裂生长，突破内皮层、皮层、根、表皮而进入土中。侧根的生长，分化过程和主根相同。在玻片标本中，主根是横切面，侧根则是纵切面。

（六）气生根根被

取文心兰气生根的成熟部位，徒手切片制根横切面标本，在显微镜下观察，可见其根最外层具根被：由数层排列紧密的死细胞构成，细胞壁有木质化的带状或网状加厚。

★ 图片 5-2
文心兰气生根
横切面

四、作业

1. 绘蒜根横切面构造图（内皮层以内绘详图，内皮层以外只绘 1/4 详图）。
2. 绘蓖麻根横切面构造图（内皮层以内绘详图、内皮层以外绘简图）
3. 绘毛茛根横切面示意简图，并标明各部分名称。

五、思考题

1. 根尖的分区依据是什么？
2. 什么是初生生长和初生结构？
3. 什么是外始式？植物根中韧皮部和木质部成熟方式如何适应其功能？
4. 凯氏带的结构如何与功能相适应？
5. 侧根发生在什么部位？如何形成？
6. 比较单子叶植物和双子叶植物根的构造有何不同。

实验六　茎的初生构造和次生构造

一、实验目的和要求

1. 了解植物茎尖结构及顶端生长。
2. 掌握双子叶植物、单子叶植物茎的初生构造特点。
3. 掌握双子叶植物和裸子植物茎次生结构及木材三向切面的特点。

二、实验材料

1. 水王荪（*Hydrilla verticillata*）茎尖纵切面玻片。
2. 铁线莲（*Clematis florida*）茎横切面玻片。
3. 南瓜（*Cucurbita moschata*）茎纵切和横切玻片。
4. 玉米（*Zea mays*）茎横切面玻片。
5. 小麦（*Triticum aestivum*）茎横切玻片。
6. 水稻（*Oryza sativa*）茎横切玻片。
7. 竹节草（*Chrysopogon aciculatus*）茎。
8. 枫香（*Liquidambar formosana*）茎纵横切面玻片。
9. 椴树（*Tilia tuan*）茎横切玻片。
10. 马尾松（*Pinus massoniana*）茎三切面玻片。

三、实验内容

（一）茎尖结构及顶端生长

取水王荪茎尖纵切玻片标本，在显微镜下进行观察，可见以下结构（图6-1）：

1. 生长锥：水王荪茎的顶端圆滑部分即为生长锥。
2. 叶原基：在生长锥的下方两侧，各有1个小突起，此为叶原基；位于更下方的叶原基有些已发展为幼叶，幼叶进一步发展为成熟叶。
3. 腋芽原基：在叶原基的腋部，常生有腋芽原基，腋芽原基将来发展成腋芽。

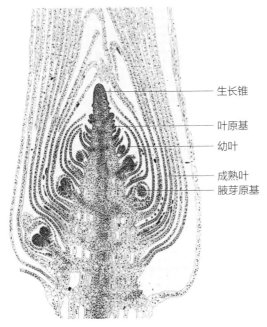

图 6-1　水王荪茎尖结构

茎尖生长锥、叶原基、腋芽原基，为顶端分生组织，细胞较小，原生质浓厚。

（二）茎的初生结构

1. 铁线莲茎初生结构

取铁线莲玻片标本，在显微镜下观察（图 6-2）。先观察横切面，由外至内可见：表皮、皮层、维管柱等各部分。

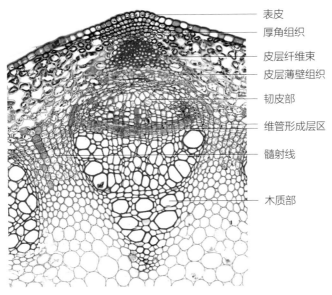

图 6-2　铁线莲茎维管束结构

（1）表皮：位于茎的最外一层细胞，表面角质层较薄。

（2）皮层：表皮以内，由薄壁组织（含有叶绿体）、厚角组织和皮层纤维束（仅分布在茎突起的棱部）组成。注意皮层和维管柱的比例。

（3）维管柱：包括维管束、髓射线、髓部。维管束，呈分离束状，排列成一环。每个维管束的内方为木质部，外方为韧皮部；在木质部、韧皮部之间，有 2～3 层扁平细胞，此为束中形成层区。木质部染成红色，内侧导管管径较小，靠外侧导管管径较大，显示其初生木质部的发育方向为内始式。除导管外，还有木薄壁细胞组成。韧皮部染成蓝色，由筛管、伴胞和韧皮薄壁细胞组成。

茎中央由薄壁细胞组成髓部，成熟的茎其中央形成空腔，称髓腔。在维管束之间连接髓部和皮层的薄壁细胞区域，称为髓射线。

2. 南瓜茎初生结构

取南瓜茎横切面玻片标本，在显微镜下观察（见图 4-2）。在低倍显微镜下观察茎横切面全貌，辨清各组成部分在茎横切面的部位和比例，然后换高倍镜观察各种组成部分的细胞结构特点。由外至内可看到：

（1）表皮：位于茎的最外层，由一层生活细胞组成，横切面上呈规则的长方形，排列紧密，表皮细胞外壁角质化，具有较厚的角质层，常有单细胞或多细胞的表皮毛附生；茎表皮上气孔器的数目较少。

（2）皮层：位于表皮以内，维管柱以外的部分，由基本分生组织发育而来。在南瓜茎中，皮层包括有 4 种类型的组织：

① 厚角组织：表皮以内的数层细胞，细胞角隅加厚，呈弧形分布于维管束外突起的棱部。

② 同化组织：位于厚角组织内侧，或表皮内侧，由数层大小不一、排列不规则的薄壁细胞组成，内含叶绿体。

③ 皮层纤维：由数层细胞排列成一圈，成圆筒状包围于维管柱之外。此部细胞壁全部加厚，细胞为长柱形，细胞腔小，为厚壁组织。

④ 贮藏组织：在皮层纤维内侧有数层薄壁细胞，细胞较大，细胞壁薄，属于贮藏组织。

（3）维管柱：茎的中轴部分，皮层以内所有部分的总称，主要由维管束、髓以及髓射线构成。

① 初生维管束：在南瓜茎中呈卵圆形，排列为内外二轮。南瓜茎的维管束为双韧维管束，由外韧皮部、形成层、初生木质部和内韧皮部几个部分构成。

外韧皮部（初生韧皮部）：位于维管束的外侧，由筛管、伴胞和韧皮薄壁细胞组成。注意观察筛管和伴胞的形态特征及位置关系。

形成层：初生韧皮部和初生木质部之间的一层或数层排列整齐的砖形细胞，具有分裂能力。

初生木质部：位于形成层内侧，由导管、管胞、木薄壁细胞组成。

内韧皮部：位于木质部的内方，在木质部与内韧皮部之间还具有内形成层，但常不活动。

② 髓：茎的最中央为髓部，髓部细胞排列较疏松，是贮藏薄壁组织。较成熟的茎中央髓部的细胞常破碎形成髓腔。

③ 髓射线：连接中央髓部和皮层，位维管束之间的薄壁组织区域，有贮藏和横向运输的作用。

3．单子叶植物茎的初生结构

观察玉米茎横切面，由外至内观察，可见表皮、基本组织、维管束。维管束散布于皮层基本组织中，为星散中柱。

（1）表皮：茎最外面的一层细胞。

（2）厚壁组织：由表皮内，有一至数层厚壁细胞组成。

（3）薄壁组织：在厚壁组织内方为大量的薄壁组织，又称为基本组织。

（4）维管束：分散在基本组织中。在高倍镜下，观察其中一个维管束的组成（图6-3）：

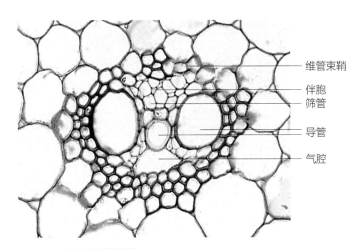

维管束鞘
伴胞
筛管
导管
气腔

图6-3 玉米茎维管束结构

韧皮部：位于维管束的外侧。原生韧皮部常被挤毁，仅能见到被压扁的痕迹，后生韧皮部在原生韧皮部内方，由筛管与伴胞组成。

木质部：呈"V"字形，内方有1～2个环纹或螺纹导管为原生木质部。木质部的内侧有空腔，称为原生木质部空腔。"V"字形的上部两侧各有一个大口径孔纹导管，导管之间有木质化的薄壁细胞，这是后生木质部。木质部和韧皮部之间能否观察到形成层？

维管束鞘：在木质部与韧皮部外方有一圈厚壁组织细胞，称维管束鞘。

观察小麦或水稻茎横切面，茎内维管束为两轮。皮层、中柱鞘、髓射线与髓之间无明显的界限。茎的最中央为髓腔。

4．竹节草茎结构观察

取竹节草茎新鲜材料，做徒手切片。观察竹节草茎的结构，节间的维管束为两轮，最中央为髓腔。从外至内依次观察表皮、机械组织、基本组织和维管束。

📖 文本6-1
小麦、水稻茎结构

着重观察维管束结构。

（三）双子叶植物茎的次生结构

1. 枫香茎的次生结构

取枫香茎玻片标本，在显微镜下观察其横切面结构（图6-4）。首先找到维管形成层区的位置，维管形成层区以外，包括表皮、周皮、皮层、初生韧皮部和次生韧皮部，这部分结构称为树皮。维管形成层区以内包括次生木质部、初生木质部和髓，这部分结构称为木材。然后，自外而内依次观察：

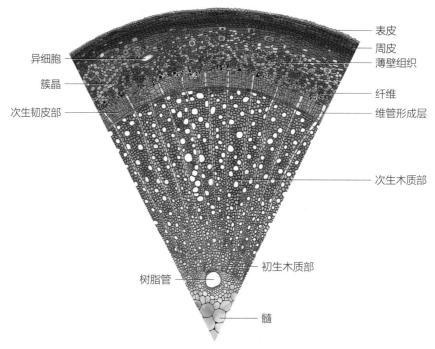

图6-4 枫香茎次生结构横切面图

（1）表皮：残余的表皮细胞（为初生结构的残余）位于茎的最外层。

（2）周皮：表皮之下数层扁平，染成红色，整齐辐射排列的细胞。周皮可分为木栓层、木栓形成层、栓内层。其中木栓形成层细胞薄壁，扁平，具分裂能力，向内形成一层栓内层细胞，向外形成数层木栓层细胞。茎的周皮上常可散见皮孔。

（3）皮层：在周皮内方，由厚角组织和排列疏松的薄壁组织组成，某些细胞含有簇晶，亦可见厚壁的异细胞。

（4）初生韧皮纤维：在皮层内方，被染成蓝色。

（5）初生韧皮部：在韧皮纤维和次生韧皮部之间，可见被挤毁的初生韧皮部。

（6）次生韧皮部：由筛管、伴胞、韧皮薄壁细胞（常具内含物）和韧皮射线组成。

（7）维管形成层：在木质部与韧皮部之间，有数层排列较整齐的薄壁细胞，其中1层为维管形成层。

（8）次生木质部：由导管（管径大、多边形）、纤维管胞（管径小、四边形或多边形）、木薄壁细胞（有内含物）和木射线组成。

（9）初生木质部：自次生木质部向内，有少量突出成束状的初生木质部，细胞小而密集。注意观察初生木质部导管管径的变化规律。

（10）髓：主要由薄壁组织构成，有些细胞含簇晶，周围有树脂管分布。

（11）维管射线：呈放射状、单列的薄壁细胞，根据其所在位置可分为韧皮射线和木射线。

观察枫香茎纵向切面，切向切面和径向切面的结构。纵向切面可见次生木质部导管直径较大，纤维管胞直径较小，两端尖锐，有纹孔，木薄壁细胞呈长方形，细胞有内含物。注意导管的端壁具梯状穿孔板。切向切面上观察木射线，可见其呈纺锤形，由单列近等径的薄壁细胞构成；径向切面上观察木射线，可见其呈砖墙状，由横走的长方形细胞形成。

2. 椴树茎次生构造

取多年生椴树茎横切面玻片标本，在显微镜下从外向内依次观察。

3. 裸子植物茎的次生结构

取马尾松茎纵切面和横切面玻片，在显微镜下观察茎的次生结构。

茎横切面，由外向内可分为树皮、维管形成层和木材三部分（图6-5）。

（1）树皮：由周皮、皮层（有树脂道）、初生韧皮部残余和次生韧皮部组成，最外方可见表皮残余。

（2）维管形成层：由数层扁平薄壁细胞构成形成层区，在维管形成层区的外方为树皮（染成红褐色），内侧染成淡红色，为木材。

■ 文本 6-2
椴树茎次生结构

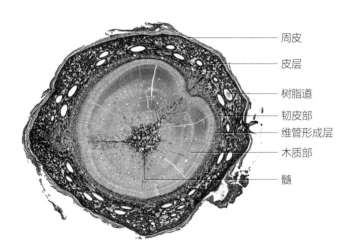

　　周皮
　　皮层
　　树脂道
　　韧皮部
　　维管形成层
　　木质部
　　髓

图6-5　马尾松茎横切面

（3）木材：主要由次生木质部组成，有树脂道。次生木质部由管胞组成，管胞呈四方形或多边形，排列整齐，在径向壁上可见具缘纹孔的切面观。次生木质部内有少量初生木质部结构，初生木质部紧邻髓的周围，髓部位于茎的中央。

在次生木质部和次生韧皮部中有单列薄壁细胞横向排列，形成的维管射线，分别称为木射线和韧皮射线。

茎的切向切面上，次生木质部管胞呈纺锤形，能观察管胞壁上有具缘纹孔的切面观，木射线呈纺锤形。茎的径向切面上次生木质部管胞呈纺锤形，能观察到具缘纹孔的表面观，木射线呈砖墙状，由横走的长方形细胞组成。

四、作业

1. 绘铁线莲茎横切面模式图。
2. 绘玉米茎横切面的简图，并绘其中一个维管束详图。注明各部分名称。
3. 绘枫香茎横切面 1/12 的详图，并注明各部分名称。
4. 绘南瓜茎横切面简图，并注明各部分名称。
5. 绘椴树茎 1/10 横切面简图、并注明各部分名称。

五、思考题

1. 种子植物根尖和茎尖在形态构造上有何异同点？
2. 试比较根、茎初生构造的异同点。
3. 如何区分植物茎次生结构的三个切面？
4. 比较裸子植物茎、双子叶植物茎和单子叶植物茎的构造特点。

实验七 叶的形态及构造

一、实验目的和要求

1. 了解植物叶的形态特征。
2. 掌握双子叶植物、单子叶植物、裸子植物代表种植物叶的解剖结构特征。
3. 比较旱生植物、浮水植物和沉水植物叶的结构，对比不同生境植物叶的结构特点，理解其结构对生境的适应性。

二、实验材料

1. 大红花（*Hibiscus rosa-sinensis*）叶。
2. 水稻（*Oryza sativa*）叶及叶横切面玻片。
3. 象草（*Pennisetum purpureum*）叶。
4. 桑（*Morus alba*）叶横切面玻片。
5. 马铃薯（*Solanum tuberosum*）叶横切面玻片。
6. 玉米（*Zea mays*）叶横切面玻片。
7. 甘蔗（*Saccharum sinense*）叶横切面玻片。
8. 马尾松（*Pinus massoniana*）叶横切面玻片。
9. 苏铁（*Cycas revoluta*）叶横切玻片。
10. 夹竹桃（*Nerium oleander*）叶横切面玻片。
11. 睡莲（*Nymphaea tetragona*）叶横切面玻片。
12. 苦草（*Vallisneria natans*）叶。

三、实验内容

（一）叶表皮的特征
1. 撕取大红花叶的下表皮，制成水藏玻片，在显微镜下观察。大红花叶表皮细胞形状不规则，彼此紧密镶嵌，可见星状表皮毛。气孔器由两个肾形的
_____组成，其内含叶绿体。

2. 取水稻叶制作上表皮刮片，即用剪刀剪一小段叶片，放置于载玻片上，用刀片将下表皮和叶肉刮除干净，留下一层透明的膜状上表皮组织，制成水藏玻片，在显微镜下观察。水稻叶表皮细胞长细胞的长轴与叶片纵轴平行，细胞壁呈细小波纹状，短细胞有栓细胞和硅细胞，长、短细胞相间成纵行排列；也可见表皮毛。气孔器由两个哑铃形的保卫细胞和两个半圆形＿＿＿＿＿＿组成，上下表皮均有，成纵行排列（图 7-1）。

3. 取象草叶，做其叶表皮刮片，观察象草叶表皮细胞长细胞、短细胞、泡状细胞及气孔的排列特征，对比水稻，说说其有哪些异同点。

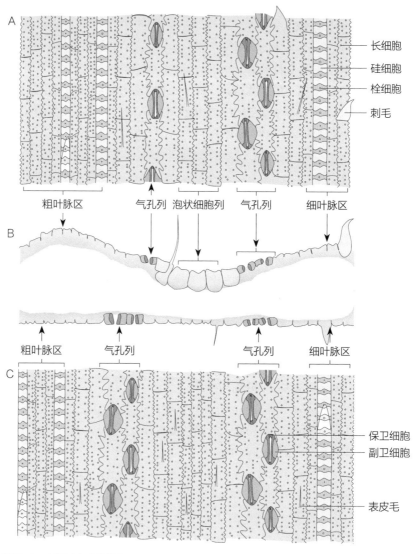

图 7-1　水稻叶表皮的结构
A. 叶上表皮表面观；B. 叶片横切面示意图（示上下表皮）；C. 叶下表皮表面观

（二）双子叶植物叶片的结构

双子叶植物叶结构基本相似，在横切面上，可见上表皮、下表皮、叶肉、叶脉等结构。通常具背腹性，腹面/近轴面向上，背面/远轴面向下。

1. 显微镜下观察桑叶横切面玻片（图7-2）

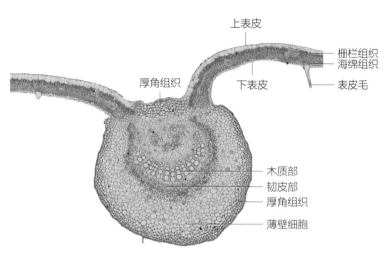

图 7-2　桑叶横切面

（1）表皮：表皮角质层薄，上下表皮均有表皮毛和气孔器。上表皮细胞中还可见球形带柄的碳酸钙晶体—钟乳体。注意上下表皮细胞形状、大小是否有差异？气孔器于上、下表皮上分布数量是否有不同？

（2）叶肉：桑叶为异面叶，有栅栏组织和海绵组织之分。其中_____位于上表皮之下，为排列整齐的长柱形细胞构成，细胞含丰富的叶绿体。_____位于栅栏组织以下，下表皮内侧，由排列疏松、形状不规则的椭圆形细胞构成，叶绿体数量相对较少。

（3）中脉：叶片两面中部隆起部分，常向叶背突出，在上、下表皮的内侧有染成蓝色的厚角组织，往内为薄壁细胞，中间排列成半月形/半圆形的结构是外韧型维管束。

韧皮部位于叶的背面（远轴面），被染成蓝色，为生活细胞，细胞较小，包括筛管、薄壁细胞、韧皮纤维等。木质部位于腹面（近轴面），主要由导管（染成红色）、木薄壁细胞等组成。注意观察韧皮部和木质部之间有无形成层区？

2. 显微镜下观察马铃薯叶的横切面玻片

参见"文本7-1　马铃薯叶横切面结构"进行观察。

（三）禾本科植物叶片的结构

1. 显微镜下观察水稻叶横切面玻片

（1）表皮：有长细胞和短细胞。细胞富含硅质，向表面突起。上表皮两侧脉（维管束）之间还有一些特殊的大型的泡状细胞（又称运动细胞），内有大液泡（图7-3）。思考泡状细胞有何功能。上下表皮都有气孔器，气孔器的结构、形状

■ 文本7-1
马铃薯叶横切面
结构

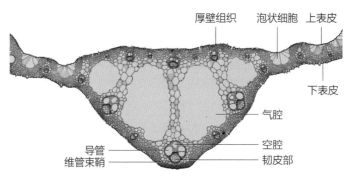

图 7-3 水稻叶横切面

和双子叶植物相比是否不同？气孔内方有较大的空腔，称孔下室。

（2）叶肉：等面叶，无栅栏组织与海绵组织分化。叶肉组织细胞间隙比较小，细胞壁向内褶皱，叶绿体沿褶壁分布。思考细胞壁向内皱褶有何生理意义？

（3）叶脉：主脉向叶背面/远轴面突起，而侧脉向叶腹面/近轴面突起。

① 脉序为直出平行脉。叶横切面上，可见维管束呈平行排列，在维管束与上、下表皮之间有发达的厚壁组织。

② 主脉的中央有两个左右对称的大气腔。主脉上下表皮内方（气腔的上、下方）各有一个维管束，维管束的结构与单子叶植物茎维管束相同，是外韧维管束。注意韧皮部和木质部之间是否有形成层区？

③ 木质部由 3～4 个导管组成，两侧各有一个管径较大的孔纹导管，其内方是一个空腔，为原生木质部空腔，残留着环纹或螺纹导管的次生加厚壁。韧皮部由筛管和伴胞组成。

④ 维管束外有 2 层细胞包围，称为维管束鞘。内层细胞较小，是厚壁组织，外层细胞较大是薄壁组织。

2. 显微镜下观察玉米叶横切面玻片标本

参见"文本 7-2 玉米叶横切面结构"进行观察。

■ **文本 7-2**
玉米叶横切面结构

3. 取甘蔗叶横切面玻片在显微镜下观察。注意区分上、下表皮、叶肉、叶脉和维管束鞘，并与水稻、玉米等其他单子叶植物叶片结构进行比较。

（四）裸子植物叶片的结构

1. 显微镜下观察马尾松叶横切面玻片（图 7-4）

马尾松叶 2 针一束，针叶横切面呈半圆形。

（1）表皮：表皮细胞细胞壁显著增厚，高度角质化，具有很厚的角质膜（被染成红色）。气孔器内陷很深。副卫细胞成喙状突出于保卫细胞的上面，使气孔口变小，在气孔凹陷处尚分泌有些许树脂，借以减少水分的蒸发。

（2）皮层和叶肉：表皮下有几层厚壁的细胞，称下皮层，属于机械组织，可减少蒸腾和增加叶的支持力。叶肉无栅栏组织与海绵组织分化；叶肉细胞壁内凹成皱褶，叶绿体沿褶壁分布，从而增大了叶绿体的分布面积，扩大了光合面积、提高了光合效率。在叶肉中分散有若干树脂道。

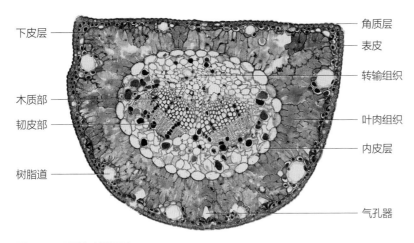

图 7-4 马尾松叶横切面

（3）内皮层：在叶肉细胞最里面，有一层细胞，细胞壁较厚，并栓质化加厚，称内皮层，这层细胞明显地具有凯氏带。与根中的凯氏带相比较，有何差异？具有下皮层、内陷气孔和内皮层是松柏类植物叶特有特征。

（4）维管束：内皮层以内是 2 个外韧维管束。染成红色的是木质部，绿色的是韧皮部。木质部由管胞和薄壁组织组成，二者相互间隔排列，形成整齐的径向列。在韧皮部的外方还分布着一些厚壁细胞。在内皮层与维管束之间还有转输组织（转输管胞，转输薄壁细胞）分布。

2．显微镜下观察苏铁叶横切面

注意区分表皮、叶肉（有栅栏组织和海绵组织分化）、下陷气孔器等结构，并与马尾松叶横切面的结构进行比较。

（五）叶的生态类型与结构

1．旱生型植物叶片的结构——夹竹桃叶横切面

制作夹竹桃叶横切面徒手切片在显微镜下观察（图 7-5）。

（1）表皮：夹竹桃叶表皮细胞壁厚，由 2～3 层细胞组成复表皮，表皮细胞

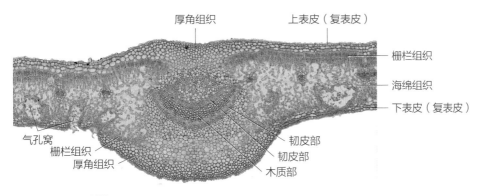

图 7-5 夹竹桃叶横切面

排列紧密，靠外的表皮细胞外壁有角质膜，特别发达。下表皮也是复表皮，但比上表皮层数少。下表皮有一部分细胞构成下陷的气孔窝，在下陷气孔窝里的表皮细胞常特化成表皮毛。观察气孔窝中保卫细胞的分布情况。

（2）叶肉细胞：夹竹桃是等面叶，在上表皮下方有 2～3 层，近下表皮有 1 层排列整齐，呈圆柱形的长形细胞是栅栏组织，细胞内的叶绿体数量较多。位于栅栏组织之间的不规则形细胞是海绵组织，层数较多，排列疏松，细胞中叶绿体数量相对较少。

（3）叶脉：夹竹桃的主脉很大，具双韧维管束。在主脉上是否可以观察到形成层细胞？

2．浮水植物叶片的结构——睡莲叶横切面

取睡莲叶作横切面徒手切片，在显微镜下观察。

（1）上、下表皮均为单层细胞：睡莲叶的表皮细胞体积小、排列紧密。注意观察：上表皮气孔器明显；下表皮也有气孔器，但呈高度退化状。是一种适应水生环境的结构。

（2）叶为异面叶，叶肉的栅栏组织和海绵组织分化明显，栅栏组织在上方，海绵组织在下方，排列疏松，构成发达的通气结构，有时可见有分枝状石细胞，维管组织不发达，木质部仅具少数导管分子。

3．沉水植物叶片的结构——苦草叶横切面

苦草是沉水草本，典型的水生植物。苦草叶基生，线形或带形，边缘全缘或具不明显的细锯齿。叶脉 5～9 条。取苦草叶横切玻片标本在显微镜下进行观察（图 7-6），可见：

（1）表皮：由 1 层细胞组成，细胞壁薄，外壁没有明显的角质化。表皮细胞含有叶绿体。没有气孔和表皮毛。

（2）叶肉：叶肉细胞没有分化为栅栏组织和海绵组织，具有发达的通气组织。

（3）叶脉：机械组织和维管束退化，尤其是木质部不发达。

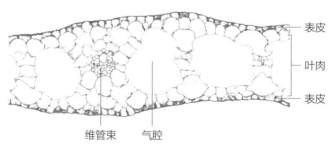

图 7-6　苦草叶横切

（六）叶片的形态

叶形通常是指叶片（含复叶的小叶片）的整体形状、叶缘特点、叶裂程度、叶尖及叶基的形状以及叶脉分布式样。植物叶形变化较大，但是分类地位相近的植物叶形通常比较相似，在分类学上常作为鉴定植物的依据之一。

1. 叶形（图7-7）

叶形主要是以叶的长度和宽度的比例以及最宽的部位来决定。常见的叶形有圆形、线形、披针形、扇形、三角形、卵形、倒卵形、肾形、菱形、剑形、心形、茎穿叶等。

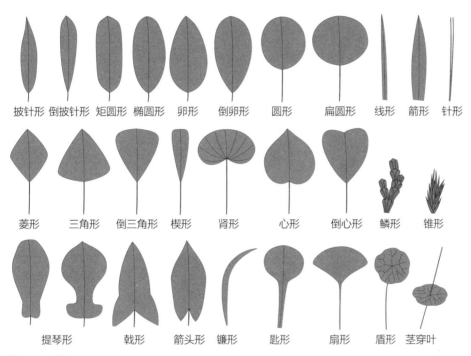

| 披针形 | 倒披针形 | 矩圆形 | 椭圆形 | 卵形 | 倒卵形 | 圆形 | 扁圆形 | 线形 | 箭形 | 针形 |

| 菱形 | 三角形 | 倒三角形 | 楔形 | 肾形 | 心形 | 倒心形 | 鳞形 | 锥形 |

| 提琴形 | 戟形 | 箭头形 | 镰形 | 匙形 | 扇形 | 盾形 | 茎穿叶 |

图7-7　叶形

2. 叶尖

叶尖部的形状可分为渐尖、锐尖、骤尖、钝形、凸尖、芒尖、尾尖、微凹、卷须状等。

✦ 图片7-1
叶尖

3. 叶基

叶基常见的形状有心形、耳垂形、箭形、楔形、戟形、盾状、歪斜、截形、渐狭等。

✦ 图片7-2
叶基

4. 叶缘

叶缘的形态可分为全缘、浅波状、深波状、齿状等，叶缘的齿又可进一步细分为圆齿状、锯齿状、牙齿状等。

✦ 图片7-3
叶缘

5. 叶的不同羽状裂

不少植物的叶会有不同程度的分裂，根据分裂的程度可分为浅裂、半裂、深裂和全裂，根据分裂的形状可分为羽状裂、掌状裂、鸟足状裂等。

✦ 图片7-4
叶裂

6. 复叶

⬛ 图片 7-5
复叶

有些植物一个叶柄仅长一个叶片，称为单叶，也有些植物从一个叶柄上可以长出多个小叶片，称为复叶。通常复叶可分为羽状复叶和掌状复叶，羽状复叶根据其分裂的回数，可分为一回羽状复叶、二回羽状复叶、三回羽状复叶，根据其小叶的数目可分为奇数羽状复叶、偶数羽状复叶、三出羽状复叶等。掌状复叶常见有掌状三出复叶、掌状五出复叶、掌状七出复叶等。

7. 叶脉（图 7-8）

常见的有羽状脉、掌状脉、离基三出脉、叉状脉、平行脉（直出脉、弧形脉等）、射出脉等。

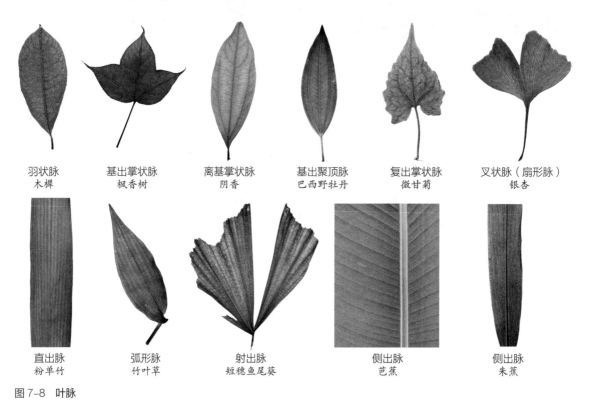

| 羽状脉 木樨 | 基出掌状脉 枫香树 | 离基掌状脉 阴香 | 基出聚顶脉 巴西野牡丹 | 复出掌状脉 微甘菊 | 叉状脉（扇形脉） 银杏 |

| 直出脉 粉单竹 | 弧形脉 竹叶草 | 射出脉 短穗鱼尾葵 | 侧出脉 芭蕉 | 侧出脉 朱蕉 |

图 7-8　叶脉

8. 叶着生的位置（图 7-9）

根据叶在茎上的着生位置，可以分为对生、互生、轮生、簇生、套折生、莲座状着生等。

（七）叶的变态

1. 总苞叶

如一品红苞叶、向日葵总苞叶、玉米雌花序外总苞片等。

2. 叶卷须

如豌豆等豆科植物的卷须。

3. 叶刺

如小檗属、仙人掌类植物的刺。

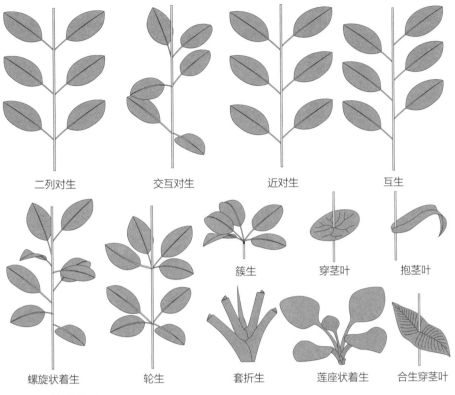

图 7-9 **叶着生位置**

4. 捕虫叶

如食虫植物的叶。

四、作业

1. 绘出桑叶横切面详图（主脉及部分叶片），并注明各部分名称。
2. 绘出水稻叶横切面模式图，注明各部分名称。
3. 绘象草叶上表皮结构表面观，注意各部分结构。
4. 观察身边 10 种以上不同叶形／脉型的植物叶片，描述其特征。
5. 采集旱生和湿生或水生植物叶片，做叶横切，对比描述其叶片结构特征并讨论其形态结构与功能适应性。

五、思考题

1. 通过本实验的观察，简述单子叶植物与双子叶植物叶的形态特点。
2. 松针叶的哪些特征可以表明松柏类植物适应于干旱生态环境？
3. 比较旱生植物和水生植物叶片的结构特征，说明结构与功能的适应性。

实验八 花和花序

一、实验目的和要求

1. 掌握花的基本结构及其形态，认识花冠、花序和胎座的基本类型。
2. 认识被子植物雌雄蕊的结构和发育。

二、实验材料

1. 大红花（*Hibiscus rosa-chinensis*）或木槿（*H. syriacus*）花。
2. 百合属（*Lilium*）或桑氏虎眼万年青（*Ornithogalum saundersiae*）。
3. 百合（*Lilium brownii* var. *viridulum*）不同发育时期花药和子房横切面玻片。
4. 各类植物花的标本：

（1）菜心（*Brassica* aff. *parachinensis*）	（20）牵牛（*Ipomoeu nil*）
（2）猪屎豆（*Crotalaria pallida*）	（21）蒲公英（*Taraxacum mongolicum*）
（3）水茄（*Solanum torvum*）	（22）洋槐（*Robinia pseudoacacia*）
（4）五爪金龙（*Ipomoea cairica*）	（23）车前（*Plantago asiatica*）
（5）软枝黄蝉（*Allemanda cathartica*）	（24）蒜（*Allium sativum*）
（6）龙船花（*Ixora chinensis*）	（25）胡萝卜（*Daucus carota* var. *sativa*）
（7）吊钟花（*Enkianthus quinqueflorus*）	（26）菊花（*Chrysanthemum morifolium*）
（8）蟛蜞菊（*Sphagneticola calendulacea*）	（27）马蹄莲（*Zantedeschia aethiopica*）
（9）一串红（*Salvia splendens*）	（28）天南星（*Arisaema heterophylum*）
（10）向日葵（*Helianthus annuus*）	（29）无花果（*Ficus carica*）
（11）麻叶绣线菊（*Spiraea cantoniensis*）	（30）石竹（*Dianthus chinensis*）
（12）假连翘（*Duranta erecta*）	（31）大戟属（*Euphorbia*）
（13）海芋（*Alocasia ordora*）	（32）麝香百合（*Lilium lougiflorum*）
（14）对叶榕（*Ficus hispida*）	（33）黄瓜（*Cucumis sativus*）
（15）唐菖蒲（*Gladiolus gandavensis*）	（34）樱草（*Primula sieboldii*）
（16）勿忘草（*Myosotis alpestris*）	（35）辣椒（*Capsicum annuum*）
（17）草莓（*Fragaria* × *ananassa*）	（36）桑（*Morus alba*）
（18）毛茛（*Ranunculus japonicus*）	（37）桃（*Prunus persica*）
（19）油菜（*Brassica rapa* var. *oleifera*）	

三、实验内容

（一）植物花的形态构造

1. 真双子叶类植物花的观察

取大红花或木槿的一朵花，从下至上，从外到内，逐一观察花的各部分（图8-1）。

（1）花梗和花托：花梗着生在茎上，支撑花朵；花梗顶端略膨大，着生花的各部分结构，称花托。

（2）花萼和副萼：位于花的最外侧，绿色。花萼基部连合成筒状，称为花萼筒，上部分裂为3～5个萼裂片。在花萼的下方，有6～8个条状的小苞片，称为副萼。

（3）花冠：位于花萼内侧，红色，花冠呈漏斗状，花瓣5，基部贴生于雄蕊管。注意花瓣在芽时为_____状排列。

（4）雄蕊群：雄蕊多数，花丝连合成雄蕊管（或称花丝管），称为单体雄蕊，雄蕊管的基部与花瓣基部联合。花药呈黄色，背着药，花药退化为1室。

（5）雌蕊群：位于花的最内轮，用解剖针自下而上纵剖开雄蕊管，小心剥离雄蕊管，可见雌蕊。雌蕊由子房、花柱及5个分离的柱头构成。用刀片把子房作

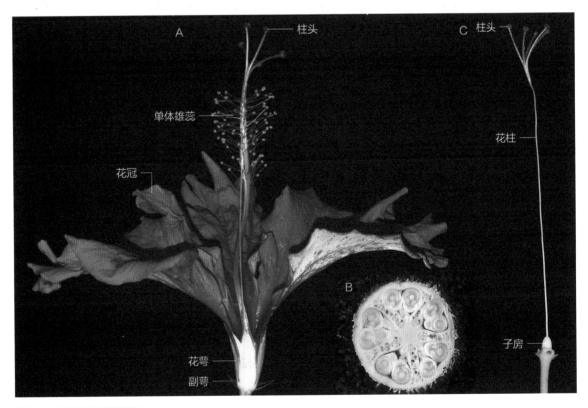

图8-1　大红花的花结构图

A. 花纵剖结构；B. 子房横切；C. 雌蕊

一横切面，在解剖镜下观察，可见子房由＿＿＿个心皮组成，有＿＿＿个子房室，胚珠着生在胎座上，属于＿＿＿＿＿＿胎座。

2. 单子叶类植物花的观察

取百合或桑氏虎眼万年青的一朵花，自下而上，从外到内，观察各部分结构（图 8-2）。

百合和桑氏虎眼万年青的花同被，具 6 枚花被片，排成 2 轮，每轮 3 枚。雄蕊 6 枚，亦排成 2 轮，每轮 3 枚。仔细观察一枚雄蕊的结构，可见其为离生，其中百合雄蕊花丝细长，花药丁字着生；桑氏虎眼万年青花丝扁平，基部扩大，花药背着，内向开裂。雌蕊由柱头、花柱和子房构成，子房 3 室，中轴胎座，胚珠多数。

图 8-2　桑氏虎眼万年青的花结构图

（二）百合小孢子（单核花粉粒）的发生及形成

取百合花药横切面玻片标本，先在低倍镜下观察，可以看到百合花药具有四个药室，呈蝴蝶形，花药正中为薄壁细胞，并有由薄壁细胞包围的药隔维管束。依次观察百合花药幼期、发育分化期及成熟期的横切片。

1. 发育分化初期

四个角隅处分别有许多圆形细胞，称为造孢细胞，造孢细胞分化形成花粉母细胞，花粉母细胞尚未开始减数分裂。

2．发育分化后期

百合花药壁已达分化完全，各层细胞明显可分，由外至里依次可见：

（1）表皮：最外面的一层细胞，排列紧密，形态大致相同，细胞较小，具角质膜，有保护功能。

（2）药室内壁：通常只有一层，为近于方形的、较大的细胞，又称为纤维层，在花药成熟时，细胞有条纹状木质化不均匀加厚的壁，有助于花粉囊的开裂。花粉囊之间的纤维层不连续，在花粉囊交界处有少量薄壁的唇细胞，花粉囊开裂时由唇细胞处形成裂缝，称为裂口。

（3）中层：2～3层扁平细胞，位于纤维层内侧，环绕每个花粉囊（花粉粒成熟时中层消失）。

（4）绒毡层：中层内侧，大多数细胞壁被破坏，细胞彼此融合，形成多核的原生质团，供花粉母细胞发育时需要（成熟时消失）。

（5）单核花粉粒：位于药室中心部分，整个呈球形的细胞是正在进行减数分裂的花粉母细胞。此时可观察到较明显的二分体、四分体（每个细胞内含有一个细胞核）时期。四分体彼此分开，即形成单核花粉粒，也称小孢子。

3．成熟期

此时花粉囊开裂，成熟花粉粒开始散出。百合成熟花粉粒含一个营养核和一个生殖细胞，营养核呈圆形较大，生殖细胞呈长形。花粉外壁较厚，有明显花纹。

（三）百合大孢子（单核胚囊）的发生及胚囊的形成

取百合子房横切玻片标本于低倍镜下观察，可见百合子房由3个心皮组成，3室。横切面上每个子房室可见2个卵形胚珠着生于中轴上，为中轴胎座（图8-3A）。

在低倍镜下选择一个通过胚珠正中的切面，转高倍镜观察胚珠的结构特征（图8-3B）。胚珠最外数层细胞原生质浓，细胞核大，为珠被细胞，从结构上可

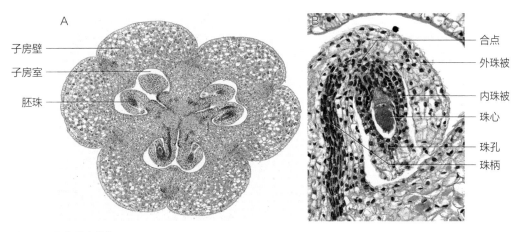

图8-3 百合子房结构
A. 子房横切；B. 一个胚珠放大

见其分为两层，分别称为外珠被和内珠被。靠珠柄一侧的外珠被与珠柄愈合。注意胚珠在靠近珠柄的位置有一开口，即珠孔。与珠孔相对的一端称为合点端，百合的珠柄和珠孔位于同一端，为倒生胚珠。

珠被里面是胚囊，呈长椭圆形。百合胚囊发育属于贝母型，在减数分裂的过程中不形成细胞壁，即只有核分裂。经过初生二核大孢子至初生四核大孢子，靠近合点端 3 个核合并，形成次生二核胚囊（一个核为 3 倍体，一个核为单倍体），再经过有丝分裂，形成次生四核胚囊至八核胚囊，以后各核形成新的细胞壁，最后形成七细胞八核胚囊，这就是成熟胚囊。分别观察正在进行减数分裂的大孢子母细胞、初生二核大孢子（它们的核大小均匀）、初生四核大孢子（核大小一致，排成一列或 3 个近合点端）、次生二核胚囊（大小差异明显，一个为 N，一个为 3N）、次生四核胚囊（核 2 大 2 小）、八核胚囊（不可能同时看见八个核在同一切面上，在一个胚囊中若能看到 5 个核，就证明已进入八核胚囊阶段）、成熟胚囊（七细胞八核胚囊）时期。

成熟胚囊中，靠合点端有 3 个细胞，叫作反足细胞（3 倍体）；靠近珠孔端有 3 个细胞（单倍体），中间 1 个为卵细胞，两侧 2 个助细胞；胚囊中央为两个极核（一个 3 倍体，一个单倍体），以后二核融合形成中央核。

（四）花冠类型观察

✱ 图片 8-1
常见花冠类型

请同学们总结描述各花冠类型的特征（参见图片 8-1），并观察提供的实验材料，完成表 8-1 的填写。

表8-1　主要花冠类型特征及其代表植物

花冠类型	主要特征	代表植物
十字形花冠		
蝶形花冠		
轮辐状花冠		
漏斗状花冠		
高脚碟状花冠		
钟状花冠		
筒状花冠		
舌状花冠		
唇形花冠		
假蝶形花冠		

（五）胎座类型观察

图 8-4 为常见胎座类型图，请同学们描述各胎座类型的特点，并观察本实验提供的材料的子房结构和胎座类型，将对应的材料填写到表 8-2 合适的位置。

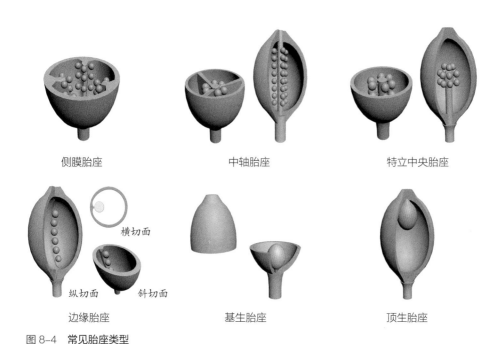

侧膜胎座 中轴胎座 特立中央胎座

横切面

纵切面 斜切面

边缘胎座 基生胎座 顶生胎座

图 8-4 常见胎座类型

表8-2 主要胎座类型特征及其代表植物

胎座类型	主要特征	代表植物
边缘胎座		
侧膜胎座		
中轴胎座		
特立中央胎座		
顶生胎座		
基生胎座		

（六）花序类型

请描述各花序类型的特点（参见图片 8-2），并将本实验中对应的材料填写到表 8-3 合适的位置。

✚ 图片 8-2
常见花序类型

表8-3　主要花序类型特征及其代表植物

花序类型	主要特征	代表植物
无限花序		
总状花序		
伞形花序		
伞房花序		
穗状花序		
柔荑花序		
肉穗花序		
头状花序		
隐头花序		
圆锥花序		
有限花序		
单歧聚伞花序		
二歧聚伞花序		
多歧聚伞花序		

四、作业

1. 绘大红花（或木槿）子房横切面模式图。
2. 绘百合花药横切面的模式图。
3. 绘百合一个胚珠纵切面边界图。

五、思考题

1. 试述花粉粒和胚囊的发育和形成过程。
2. 归纳花序的分类及区分花序类型的依据。
3. 深刻认识被子植物的双受精过程及其意义。
4. 花粉母细胞、花粉粒、胚囊母细胞、单核胚囊、八核胚囊的染色体数目分别是几倍体？

实验九　植物胚胎发育及种子的结构和类型

一、实验目的和要求

1. 了解双子叶植物和单子叶植物的胚胎发育过程及胚和种子结构的异同点。
2. 了解种子的基本类型；区分种子植物有胚乳种子和无胚乳种子。

二、实验材料

1. 荠菜（*Capsella bursa-pastoris*）果实。
2. 荠菜（*Capsella bursa-pastoris*）幼胚、中胚和成熟胚的纵切玻片标本。
3. 蓖麻（*Ricinus communis*）种子。
4. 玉米（*Zea mays*）种子纵切玻片标本。
5. 小麦（*Triticum aestivum*）颖果。
6. 小麦（*Triticum aestivum*）纵切玻片标本。
7. 蚕豆（*Vicia faba*）种子。
8. 大豆（*Glycine max*）种子。
9. 花生（*Arachis hypogaea*）种子。
10. 棉花（*Gossypium hirsutum*）种子。

三、实验内容

（一）双子叶植物胚的发育
1. 荠菜果实（短角果）的观察

取荠菜的果实，观察其外形，用手拆开一半后进行观察，可见其由两心皮组成；侧膜胎座：在心皮的边缘着生两串胚珠；两心皮相互连接的腹缝线处具有1个由胎座伸出的膜质隔膜，而使子房分为2室，但是由于该隔膜不是心皮折向子房内形成的，故其是假隔膜，子房实为1室。

2．荠菜胚的发育

取荠菜幼胚、心形胚和成熟胚纵切面玻片标本，在普通光学显微镜下进行观察。首先在低倍镜下，寻找比较完整的胚珠，并识别胚珠的珠柄、珠孔、珠被、珠心、和胚囊等部分，然后转到高倍镜下详细观察各个部分的结构特征。内珠被的内侧可见1层染色深的细胞，沉积有色素，称为特化层。胚囊为马蹄形。

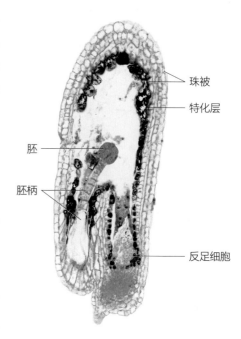

图9-1 荠菜1枚胚珠纵切（示原胚）

（1）胚柄：由一个较大的泡状细胞和与其相连的一列近方形的细胞组成。胚柄将胚体推向胚囊，以便胚在发育中更好地吸收周围的营养物质。

（2）原胚和分化胚：原胚位于胚柄的顶端，一般呈球形（图9-1）。原胚进入胚分化阶段，形成两个突起（子叶原基），而呈心形，随着子叶和胚轴的生长延伸，整个胚体呈鱼雷状。继续生长，胚体弯曲，子叶伸展到合点端。注意观察玻片标本是处在哪个发育时期，判断依据是什么？在合点端处常见被染成深色的反足细胞。

（3）成熟胚和种子：成熟胚在胚囊内弯曲成马蹄形，形成4部分：胚根、胚轴、胚芽和子叶。胚根位于近珠孔端，胚根之上为胚轴，胚轴上着生两片子叶，子叶之间的小突起为胚芽。当胚成熟时，胚乳和胚柄消失，珠被发育成种皮。整个胚珠发育成种子。

（二）种子的构造

根据种子成熟后有无胚乳，将种子分为有胚乳种子和无胚乳种子。

1．有胚乳种子的形态和结构

（1）蓖麻种子（图9-2）

① 取新鲜的或经过浸泡处理的蓖麻种子，观察其外形、颜色、花纹、种阜和种脊等结构。观察完毕，剥去种阜，观察种脐和种孔。再剥去种皮，做纵切，观察胚乳和胚的结构。注意观察子叶的数量。另取一种子，剥去种皮，去掉一枚子叶和一半胚乳，在体视显微镜下观察子叶的表面形态结构等结构。

② 取蓖麻胚乳进行徒手切片，制成水藏玻片。用碘－碘化钾染液染色，在细胞内可见黄色的糊粉粒。蓖麻的糊粉粒是复合糊粉粒，蛋白质膜包裹着1个至多个黄色、多边形的拟晶体和1个无色、球形的晶体。

（2）玉米或小麦籽粒

① 取新鲜的玉米籽粒。观察其外形，顶端具有残留花柱的痕迹，下端是果

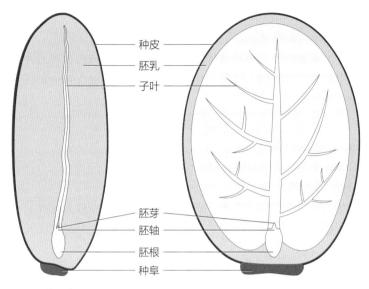

图 9-2　蓖麻种子解剖图

柄。去掉果柄观察种脐。沿胚的长轴做纵切，在体视显微镜下观察果皮与种皮、胚乳、胚。注意观察区分胚根与胚根鞘、胚芽与胚芽鞘、胚轴（分为上胚轴和下胚轴）、盾片和外胚叶。用碘 – 碘化钾染液染色观察各部分的颜色变化，注意控制染色时间，不宜过长。

　　② 取新鲜的或浸泡过的小麦籽粒，观察其外形、腹沟和果毛。其他的观察与玉米相同。

　　③ 取玉米胚纵切面玻片标本（图 9-3）和小麦胚纵切面玻片标本，在普通光学显微镜下观察胚的各部分结构，注意观察两者胚结构的差异。

　　④ 取玉米或小麦的胚乳进行徒手切片，制成水藏玻片，并用碘 – 碘化钾染液染色，在细胞内可见被染成蓝色的淀粉粒。观察单粒淀粉粒和复粒淀粉粒及其脐点和轮纹的特点。

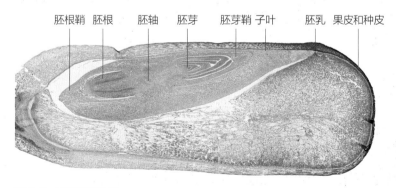

图 9-3　玉米籽实纵切

2．无胚乳种子的形态和结构

（1）蚕豆种子（图9-4）

取浸泡过的蚕豆种子，观察其外形、颜色、种脐和种孔。剥去种皮，可见两片肥厚、扁平的子叶和胚根。去掉一片子叶，观察其胚根、胚轴和胚芽。

▣ 文本9-1
大豆种子

（2）大豆种子

参见"文本9-1 大豆种子"进行观察。

▣ 文本9-2
花生和棉花种子

（3）花生和棉花种子

参见"文本9-2 花生和棉花种子"进行观察。

（三）种子形态多样性

不同植物的种子在形状、大小、颜色彩纹等方面存在较大差异。可作为鉴别植物的重要依据之一。

1．种子的形状

肾形，如大豆的种子；圆球形，如油菜的种子；扁形，如蚕豆的种子；椭圆形，如花生的种子等。

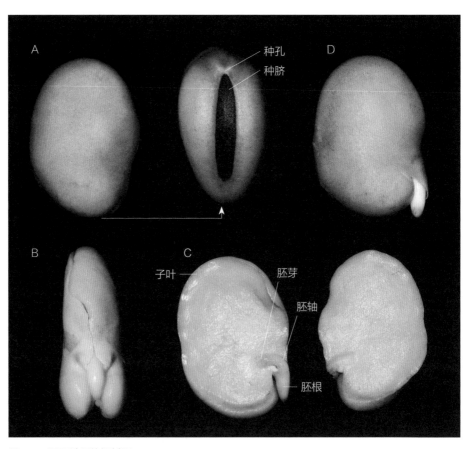

图9-4 **蚕豆种子的解剖图**
A.种子的外形；B.去掉种皮；C.分开一片子叶示内部结构；D.示胚根从种孔长出

2．种子的附属物

有些种子具有钩、刺、突起、翅、冠毛和芒等附属物。

3．种子的颜色

有纯色的，如黄色、青色、褐色、白色或黑色等；有彩纹的，如蓖麻的种子。

4．种子的大小和重量

不同植物的种子的重量大小相差很大。如最轻的小斑叶兰的种子只有 2 µg，而塞舌尔椰子的种子最大鲜重可达 9 kg。四季秋海棠的种子长度只有约 300 µm，而海椰子的种子可长达 45 cm。

四、作业

1．绘玉米颖果的纵切面图，注明各部分结构。
2．拍摄蚕豆种子外形以及剥去种皮的种子照片，注明各部分结构。

五、思考题

1．有胚乳种子和无胚乳种子结构有何不同？
2．对比双子叶植物和单子叶植物胚的结构特征及其发育过程。

实验十 果实的结构和类型

一、实验目的和要求

认识不同类型的果实及其结构特征。

二、实验材料

各种类型果实标本：

（1）番茄（*Solanum lycopersicum*）

（2）番木瓜（*Carici papaya*）

（3）葡萄（*Vitis vinifera*）

（4）龙葵（*Solanum nigrum*）

（5）茄（*Solanum melongena*）

（6）柿（*Diospyros kaki*）

（7）黄瓜（*Cucumis sativus*）

（8）南瓜（*Cucurbita moschata*）

（9）葫芦（*Lagenaria siceraria*）

（10）西瓜（*Citrullus lanatus*）

（11）橙（*Citrus sinensis*）

（12）柚（*Citrus grandis*）

（13）柑（*Citrus reticulata*）

（14）桃（*Prunus persica*）

（15）梨（*Pyrus pyrifolia*）

（16）樱桃（*Prunus pseudocerasus*）

（17）椰子（*Cocos nucifera*）

（18）苹果（*Malus pumila*）

（19）豌豆（*Pisum sativum*）

（20）蚕豆（*Vicia faba*）

（21）马齿苋（*Portulaca oleracea*）

（22）芸苔（*Brassica rapa* var. *oleifera*）

（23）芥菜（*Brassica juncea*）

（24）玉米（*Zea mays*）

（25）小麦（*Triticum aestivum*）

（26）水稻（*Oryza sativa*）

（27）榆树（*Ulmus pumila*）

（28）枫杨（*Pterocarya stenoptera*）

（29）槭树属（*Acer*）

（30）板栗（*Castanea mollissima*）

（31）锦葵（*Malva cathayensis*）

（32）茴香（*Foeniculum vulgare*）

（33）芹菜（*Apium graveolens* var. *ducle*）

（34）羊角拗（*Strophanthus divaricatus*）

（35）大花紫薇（*Lagerstroemia speciosa*）

（36）向日葵（*Helianthus annuus*）

（37）花椒（*Zanthoxylum bungeanum*）

（38）毛茛（*Ranunculus japonica*）

（39）荷花玉兰（*Magnolia grandiflora*）

（40）观光木（*Michelia odorum*）

（41）草莓（*Fragaria×ananassa*）

（42）莲（*Nelumbo nucifera*）

（43）铁线莲属（*Clematis*）

（44）对叶榕（*Ficus hispida*）

（45）桑（*Morus alba*）

（46）波罗蜜（*Artocarpus heterophylluslam*）

（47）凤梨（*Ananas comosus*）

三、实验内容

依不同的分类标准，对果实类型的命名亦不同。

（一）根据果实的组成分类

1．单果

单果是由单雌蕊或合生复雌蕊形成的果实。

2．聚合果

聚合果是由一朵花中的数个离生雌蕊发育而成，每一雌蕊形成一单果，这些单果聚集在一个花托上成为聚合果。

3．聚花果（复果或花序果）

聚花果是指由整个花序发育而成的果实。

（二）根据果实的来源分类

1．真果

真果是由子房单独发育而来的果实。

2．假果

假果是由花托、萼筒等子房以外部分参与形成的果实。

（三）根据果皮的性质分类

果实分为肉果和干果两大类，其中每类又可分为若干类型。

1．肉果

成熟后果皮肉质（图 10-1）。

（1）浆果：中果皮和内果皮都肉质浆化，内含一至多个种子。

瓠果（南瓜）

浆果（番茄）

核果（桃）

瓠果（西瓜）

柑果（桔）

核果（椰子）

梨果（苹果）

图 10-1　常见肉果类型

（2）瓠果：浆果的一种，中果皮和内果皮肉质多浆，由合生心皮的下位子房并有萼筒参与形成，这是葫芦科植物特有的肉果。

（3）柑果：外果皮呈革质，并有挥发油腺；中果皮较疏松，内果皮缝合成囊，内有无数肉质多浆的腺毛，是食用的主要部分，是柑橘属果实特有的浆果。

（4）核果：外果皮薄，中果皮肉质，内果皮坚硬木质化，由石细胞组成。含1枚种子，1心皮。

（5）梨果：为假果，中轴胎座，子房下位，与被丝托一起膨大为食用部分。外果皮和中果皮肉质化，内果皮革质。

2. 干果

成熟后果皮干燥，从果皮开裂或不开裂可分为裂果和闭果两类（图10-2）。

（1）裂果：成熟时果皮以各种方式开裂。

① 荚果：由单心皮雌蕊长成，成熟时常沿背和腹两缝线开裂，少数一节一节断裂或不裂。常见于豆科植物。

② 蓇葖果：由单心皮雌蕊长成，成熟时沿心皮的背缝线或腹缝线中的一个缝线开裂。

③ 蒴果：由合生雌蕊长成，有1室或多室，每室多数种子，成熟时开裂方式多样，如背裂、腹裂、孔裂、盖裂等。

④ 角果：2心皮的合生雌蕊长成，由假隔膜而将其隔为假2室，成熟时沿腹缝线开裂，可分为长角果和短角果。常见于十字花科植物。

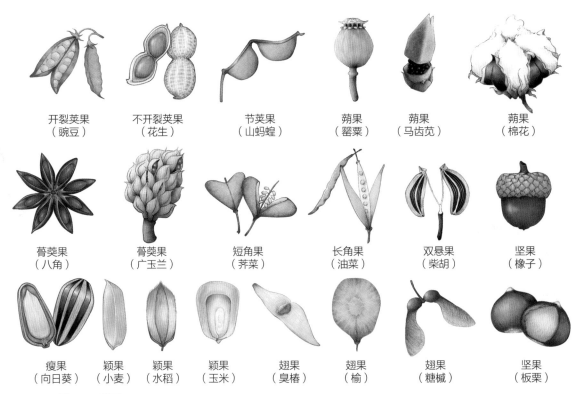

图 10-2　常见干果类型

（2）闭果：果实成熟时果皮不开裂。

① 瘦果：只含 1 枚种子，果皮易与种皮分开。

② 颖果：仅含 1 枚种子，果皮与种皮愈合，不易分开。常见于禾本科植物。

③ 翅果：果皮延伸成翅。

④ 分果：由 2 个或 2 个以上心皮的合生雌蕊发育而成，各室只含一枚种子。成熟时以心皮（即分果爿）为单位彼此分裂，但分果爿本身并不开裂。伞形科植物的果实成熟时分成 2 个分果爿，有的悬挂于心皮轴（柄）上，叫双悬果。

⑤ 坚果：合生心皮，果皮坚硬，内含一枚种子。

四、作业

1. 绘苹果纵切和横切面轮廓图，并注明各部分的结构。

2. 请将本次实验的果实材料根据不同的分类标准，填写其果实所属类型。

实验材料名称	根据组成分类	根据来源分类	根据果皮性质分类

五、思考题

1. 不同植物的果皮形态、开裂方式等往往与其果实散布或果实内种子散布方式相适应，试举出一些果实结构与其散布方式相适应的例子。

2. 根据不同的分类标准，常见水果草莓、荔枝、西瓜、南瓜和椰子分别属于哪种类型的果实？其食用部位是果实的什么结构？

实验十一　植物界各大类群

一、实验目的和要求

通过观看录像、图片和野外观察等多种手段，初步认识各大类群植物形态结构特征和生长习性多样性。

二、各大类群植物观察

本教材定义的"植物界"为林奈二界系统定义中的"植物界"，是一个广义的范畴，包括藻类、菌物、地衣以及各类高等植物。绝大多数植物都具有光合色素（如叶绿素等），能够通过放氧光合作用合成有机物，用于构建植物体的各部分，它们被称为绿色植物，属于自养植物或光自养植物。另外一部分被称为植物的生物是非绿色植物，称为异养植物，它们不含光合色素，不能进行光合作用，靠分解动植物尸体或从活体吸收营养，如各种菌物、寄生植物或腐生植物等。

植物界各大类群在形体结构、生殖结构和生态习性上多种多样。

（一）藻类植物

⭐ 图片 11-1
藻类多样性

藻类植物的植物体无根茎叶的分化，绝大多数种类具有光合色素，行自养生活，但亦有少数营腐生或寄生。植物体的形态包括单细胞体、群体或多细胞体，大小差异极大，小的仅数微米，大的可高达数百米。生活习性上，藻类植物多为水生，广泛分布于海洋、江河、湖泊、池塘、水沟等水环境中。生长在水中的藻类有的是浮游藻类，例如衣藻属（*Chlamydomonas*），角甲藻属（*Ceratium*），裸藻属（*Euglena*）等，有的是漂浮藻类，例如水绵属（*Spirogyra*）、水网藻属（*Hydrodictyrum*）等；有的是附生藻类，例如鞘藻属（*Oedogonium*），刚毛藻属（*Cladophora*），也有些种类营底栖生长，如羽纹硅藻属（*Pinnunaria*）、舟形藻属（*Navicula*）的一些种类等。有一些种生长于潮湿土壤中，如气球藻属（*Botrydium*），无隔藻属（*Vaucheria*）等。还有一些种类可生长于墙壁、树皮和岩石表面，如橘色藻属（*Trentepohlia*）和多种蓝藻。部分种可生长于冰雪环境，最常见的如雪衣藻（*Chlamydomonas nivalis*）。

（二）菌物

菌物是异养的非绿色植物，水生或陆生，营腐生和寄生生活。腐生菌生于水中、土壤中及枯枝落叶或树桩上，例如水中的水霉，土壤中、衣物和食品上的各种霉菌，木材上的多种真菌等很多大型真菌是鲜美的食用菌和名贵药材，如草菇属（*Volvariella*）、灵芝属（*Ganoderma*）等。寄生菌有的生活在稻、麦、果树、蔬菜上危害农作物，例如白粉菌属（*Ustilago*）、柄锈病菌属（*Puccinia*）等；有的生活在人和动物体内，例如各种寄生霉菌等。

■ 图片 11-2
菌物多样性

（三）地衣

是由藻类和真菌类两类生物共生形成的共生复合体，在土壤、岩石和树干上均可看到，外表常呈灰绿或灰黄色，如文字衣属（*Graphis*）、梅花衣属（*Parmelia*）、松萝属（*Usnea*）和石蕊属（*Cladonia*）等。

（四）苔藓植物

苔藓植物无维管组织，通常体形较小，小的肉眼几乎不能辨认，大者高度也仅有几十厘米。苔藓植物的体型有两大类，一类为叶状体，该类体型的植物有苔类植物和角苔类植物，如地钱属（*Marchantia*）、角苔属（*Anthoceros*）等；另一类是有类似茎叶分化的拟茎叶体，包括苔类和藓类植物，例如裸蒴苔属（*Haplomitrium*）、真藓属（*Bryum*）、灰藓属（*Hypnum*）等。苔藓植物喜阴湿环境，常生长于水湿的地方或沼泽，例如浮苔（*Ricciocarpus natans*）、泥炭藓属（*Sphagnum*）等；生长在土地或土壁上有凤尾藓属（*Fissidens*）、鳞叶藓属（*Taxiphyllum*）等；也有不少种类附生于树干、树枝或叶片上，例如在树干上的网藓（*Syrrhopodon gardneri*）、生于叶片的尖叶薄鳞苔（*Leptolejeunea elliptica*）等；有些种类耐旱性强，可生长于阳坡裸露石面或干旱沙漠地带，例如节茎曲柄藓（*Campylopus umbellatus*）、齿肋赤藓（*Syntrichia caninervis*）等。

■ 图片 11-3
苔藓植物多样性

（五）蕨类植物

蕨类植物通常有典型的根、茎、叶和维管系统的分化。无性生殖时产生孢子囊，孢子囊单生于叶腋（如石松属、卷柏属），或数个聚生（如松叶蕨属），或在较高级类群中［如华南毛蕨（*Cyclosorus parasiticus*）、芒萁（*Dicranopteris dichotoma*）等］孢子囊聚集形成孢子囊群，孢子囊群具或不具囊群盖。蕨类植物一般为多年生草本，常具根状茎和多数不定根，但也有少数有直立地上茎干，统称树蕨，如桫椤科桫椤（*Alsophila spinulosa*）。蕨类多生长在森林下的阴湿地面上或树上（从树干基部至树冠），少数水生。如生长在沼泽地或池塘中的满江红（*Azolla imbricata*）等，生长在溪边或树下潮湿的酸性土壤上的剑叶凤尾蕨（*Pteris ensiformis*）、紫萁（*Osmunda japonica*）等，生长在林下或路边岩面或土壤上的翠云草（*Selaginella uncinata*）、骨碎补属（*Davallus*）、海金沙（*Lygodium japonicum*）等，附生于树干上的巢蕨（*Neottopteris nidus*）、崖姜（*Pseudodrynaria coronans*）等。也有少数种类可以生长在周期性干旱，有强烈阳光照射的岩石缝隙中，例如贯众（*Cyrtomium fortunei*）、蜈蚣草（*Pteris vittate*）等。

■ 图片 11-4
蕨类植物多样性

■ 图片 11-5
裸子植物多样性

■ 图片 11-6
被子植物多样性

（六）种子植物

种子植物具有典型的根茎叶和维管系统分化，产生种子并用种子繁殖后代，故称种子植物。种子植物根据其生殖器官结构和生殖过程又分为裸子植物和被子植物。裸子植物如松柏纲，种子是裸露着生于开放的珠鳞上的，常见种如马尾松（*Pinus massoniana*）、杉木（*Cunninghamia lanceolata*）等。被子植物形成了真正的果实，种子包被在果实中。种子植物的营养器官和繁殖器官更加复杂和完善，能适应各种环境，成为陆地上最繁茂的植物类群，除在平原、河谷、山地等生境中广泛分布，成为生态系统的优势生产者外，亦在不少极端环境中旺盛生长，如分布于沙漠和盐碱地的胡杨（*Populus euphratica*）、沙拐枣（*Calligonum mongolicum*）、柽柳（*Tamarix chinensis*）、碱蓬（*Suaeda glauca*）等，分布于海岸潮间带的秋茄树（*Kandelia candel*）、海桑（*Sonneratia caseolaris*）等，分布于水生环境的种类如狐尾藻（*Myriophyllum verticillatum*）、菹草（*Potamogeton crispus*）等。无论从种类数还是从在生态系统中的重要性来说，种子植物都是地球上绿色植被的最主要成分。

三、思考题

在野外，可以根据哪些特征鉴别藻类、菌类、苔藓、蕨类和种子植物？举出实例说明植物界的多样性表现在哪些方面。

实验十二　藻类植物 I

一、实验目的和要求

1. 掌握蓝藻门（Cyanophyta）、红藻门（Rhodophyta）的主要特征。
2. 掌握绿藻门（Chlorophyta）及其主要代表类群的特征。
3. 认识原核蓝藻及真核藻类体型、细胞结构及生殖方式的不同。

二、实验材料

1. 蓝藻门（Cyanophyta）：色球藻属（*Chroococcus*）、微囊藻属（*Microcystis*）、颤藻属（*Oscillatoria*）、鱼腥藻属（*Anabaena*）、念珠藻属（*Nostoc*）、发菜（*Nostoc flagelliforme*）、地木耳（*Nostoc commune*）。

2. 红藻门（Rhodophyta）：紫菜属（*Porphyra*）、多管藻属（*Polysiphonia*）、串珠藻属（*Batrachospermum*）、江篱（*Gracilaria verrucosa*）、石花菜属（*Gelidium*）、蜈蚣藻（*Grateloupia filicina*）、珊瑚藻（*Corallina officinalis*）、海萝（*Gloiopeltis furcata*）。

3. 绿藻门（Chlorophyta）：（1）绿藻纲（Chlorophyceae），如衣藻属（*Chlamydomonas*）、团藻属（*Volvox*）、栅藻属（*Scenedesmus*）、鞘藻属（*Oedogonium*）；（2）石莼纲（Ulvophyceae），如石莼属（*Ulva*）、浒苔属（*Enteromorpha*）、礁膜属（*Monostroma*）、海松属（*Codium*）、羽藻（*Bryopsis pulumosa*）；（3）轮藻纲（Charophyceae），如水绵属（*Spirogyra*）、新月藻属（*Closterium*）、轮藻属（*Chara*）、丽藻属（*Nitella*）。

三、实验内容

（一）蓝藻门

1. 色球藻属（*Chroococcus*）（图 12-1A）

水生或亚气生类群，常生长于阴湿的石块或墙壁上，或浮游于湖泊、池塘等静水中。观察亚气生的色球藻时，可先将其用水湿润数小时或一天，实验时用解剖针或镊子挑取小块标本，放于载玻片中央的水滴上，用镊子轻压材料，使之尽量分散，然后加上盖玻片观察。对于浮游的色球藻，用滴管直接吸取少量标本滴于载玻片中央，先在低倍镜下找到观察材料并将其移至视野中央，然后转高倍镜观察。

色球藻为单细胞或群体，其群体细胞数目常 2、4 或 6 个等，亦有一些种类的群体细胞数目更多，其细胞形状为球形、半球形或四分体形，两细胞相连处平直，群体是由于细胞分裂后子细胞不分离聚在一起而形成的。色球藻每个细胞外有个体胶质鞘，群体外有明显的公共胶质鞘，一些种类的公共胶质鞘具明显的层理。注意观察个体胶质鞘和公共胶质鞘是否有颜色，是否具层理，细胞有无细胞核和色素体，核质和色素分布在哪里，注意区分中央质和周质。

2. 微囊藻属（*Microcystis*）

由大量细胞形成近球形或不规则形胶群体，有时群体还形成穿孔，常生活于水体表层。群体中的细胞小，球形，排列不规则，显微镜下可见细胞具黑色小点，为细胞内的空气泡，称伪空泡，可以增加藻体的浮力，使其漂浮于水表。微囊藻在富营养水体中常见，并可能在温暖季节形成水华。

3. 颤藻属（*Oscillatoria*）（图 12-1B）

常见于有机质丰富的潮湿处或水体中，温暖季节生长最旺盛，常在浅水底形成一层蓝绿色或蓝黑色膜状物或成团漂浮在水面。观察颤藻时，可在实验前一两天把采来的标本放在盛有水的培养皿中，颤藻可借滑行或摆动而移到水面线的器壁上，方便取样观察。

实验时用解剖针或镊子挑取数条颤藻放在载玻片中央的水滴中，用解剖针适当分开藻丝，尽量避免藻丝之间相互重叠。颤藻的藻丝由单列短筒形的细胞组成，无分枝，能左右摆动和前后缓慢移动。细胞内含物均质，有些种细胞内有伪空泡。丝体上有时能看到无色、双凹形的死细胞或胶化膨大的胶质隔离盘，丝体常在死细胞或隔离盘处断裂成小段，在 2 个隔离盘或死细胞之间断裂出的这一段丝体称藻殖段，每一段藻殖段又能长成一个新丝体。

4. 鱼腥藻属（*Anabaena*）（图 12-1C）

常生活在水中或潮湿土壤表面，亦可生活在满江红（*Azolla imbricata*）叶腔内。观察与满江红共生的鱼腥藻时，取 2～3 片满江红的绿色叶片，置于载玻片

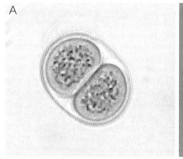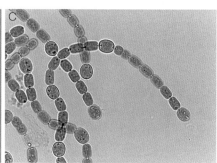

图 12-1 蓝藻门代表属
A. 色球藻；B. 颤藻；C. 鱼腥藻

中央的水滴中，用镊子和解剖针捣破绿色叶片的叶腔，使鱼腥藻散出，小心移去叶片残渣，盖上盖玻片，制作成水藏玻片。对于独立生活的鱼腥藻，直接用滴管吸取少量标本制水藏玻片。

低倍镜下可见藻丝为单列细胞不分枝的丝状体，藻丝单一或集合成群。转高倍镜观察，仔细分辨藻丝中的营养细胞、异形胞及厚壁孢子（又称繁殖孢，较少见）。异形胞壁厚，与营养细胞相连处的内壁具球状加厚，称为节球，异形胞的原生质体比较均匀。厚壁孢子较大，壁厚，细胞质内含物比较浓厚。

5. 念珠藻属（*Nostoc*）

念珠藻的藻丝亦为不分枝的丝状体，但藻丝不规则地弯曲交错排列，集合成群，其外具有一定形态的清晰的胶质鞘；亚气生藻类，在我国多生于西北干旱草地，特别是在含石灰质的土壤表面。

发菜（*N. flagelliforme*）肉眼观察似头发丝状，实际上每一根肉眼可见的发丝状物都是由许多单列细胞不分枝的丝状体缠绕集结成的胶质群体。用镊子夹取一小段发菜的新鲜或浸泡材料，置于载玻片中央的水滴中，并用镊子轻压材料使其散开，盖上盖玻片，用铅笔的橡皮头或指头小心加压，将材料均匀散开，在显微镜下观察，可见胶质中有多条单列细胞组成的藻丝，每条藻丝的结构与鱼腥藻相似，也具有营养细胞、异形胞和厚壁孢子。

念珠藻属也有一些种类的藻体呈片状，如地木耳（*N. commune*）；或呈球状，如葛仙米（*N. sphaeroides*）

（二）红藻门

1. 紫菜属（*Porphyra*）

海产，长在潮间带的岩礁上。

（1）叶状体表面观结构

在显微镜下观察紫菜叶状体表面观构造（玻片或浸泡标本）。紫菜属多数种类的叶状体由单层细胞构成，细胞藏于丰富的胶质内。在细胞内有 1 个星形的色素体，内含个蛋白核（造粉核），1 个细胞核（不易见）。

紫菜生殖器官常分布于叶状体的近边缘，雌雄同体或异体，有性生殖时产生精子囊和果胞，取新鲜标本或浸制标本肉眼或借助手持放大镜观察：产生精子囊的叶状体边缘细胞颜色较淡，黄白色，产生果胞的叶状体边缘细胞颜色较深，紫红色。取紫菜精子囊和果胞的整体封片标本或紫菜新鲜标本，在显微镜下观察（图 12-2）：

① 精子囊：藻体的营养细胞经过几次分裂产生 16 或 32 或 64 或 128 个精子囊的精子囊器，每一个精子囊内只有 1 个无色的不动精子。产生精子囊的细胞为无色或黄白色。注意，每个营养细胞多次分裂产生的多数精子囊排列成立方体形，因此表面观察只是精子囊器的一个面的精子囊数目。

注意观察实验材料的精子囊器由多少个精子囊组成？如何排列？

② 果胞和果孢子囊：果胞是营养细胞不经分裂，仅略变态而成，一般为椭球形，其一端或两端突起，称受精丝，果胞内含一个卵，受精后形成合子，经有

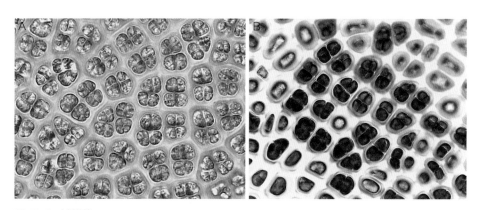

图 12-2　甘紫菜
A. 精子囊器；B. 果胞及果孢子囊

丝分裂产生含 8、16 或 32 个二倍体果孢子的果孢子囊。

　　如何在显微镜下分辨果胞和果孢子？

　　（2）叶状体切面观结构

■ 图片 12-1
紫菜叶状体横切面

　　观察精子囊器和果孢子囊的切片玻片标本，注意对比切面观与表面观细胞排列的特征，着重理解精子囊器和果孢子囊的立体结构。

　　（3）丝状体和壳孢子：观察紫菜丝状体。二倍的紫菜果孢子钻入贝壳萌发成丝状体，称为壳斑藻，壳斑藻产生壳孢子时进行减数分裂，单倍的壳孢子在不同水温下可以萌发成小菜紫或大紫菜。

　　2．多管藻属（*Polysiphonia*）

　　海生红藻，多生长在低潮带的岩石上，藻体为分枝丝状体，行固着生活。取多管藻腊叶标本观察，可见孢子体与配子体外形相同，为同形世代。

　　（1）四分孢子体（图 12-3A）：显微镜下观察，藻体中央 1 列细胞为中轴细胞，上下相连成中轴管，外为围轴管细胞。无性生殖时，围轴管细胞形成孢子囊母细胞，经过减数分裂产生四个四分孢子，四分孢子排成四面体型。四分孢子萌发产生配子体。

　　（2）配子体：配子体藻体的构造和四分孢子体相同。雌藻体枝端的侧面有一个卵形或球形的囊果，是由雌配子体上的果胞受精后发育而成（图 12-3B）。雄配子体藻体的小枝上有单列细胞分枝的毛丝体，其一侧产生一串葡萄状的精子囊穗（图 12-3C）。

　　（3）果孢子体（图 12-3B）：产生果孢子的囊果称为果孢子体，寄生在雌配子体上，不能独立生活。果孢子体外围有单层细胞包被，内面藏着多数果孢子囊，每个果孢子囊产生一个果孢子（2n），果孢子脱离囊果后发育成新的二倍植物体（四分孢子体）。

　　3．串珠藻属（*Batrachospermum*）

■ 图片 12-2
串珠藻属

　　藻体单轴型，具明显的中轴，由长筒形细胞组成，具节和节间的分化，节上具初生枝，节间的中轴细胞外有皮层细胞包裹，其上可长出次生枝，初生枝和次

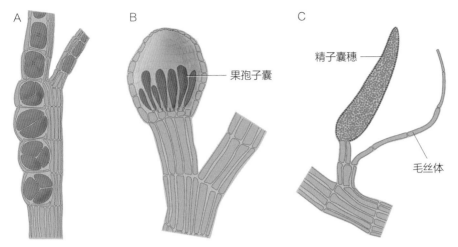

图 12-3　多管藻

A. 四分孢子体；B. 雌配子体（其上生有果孢子体）；C. 雄配子体

生枝共同组成轮节。有性生殖时在初生枝或次生枝上产生果胞和精子囊。果孢子体被膜。四分孢子体后期为直立分枝体。

4．江蓠（*Gracilaria verrucosa*）

海生。藻体圆柱形或扁平叶状，不规则或近于叉状分枝，枝端有 1 顶端细胞，由其分化出髓部和皮层。江蓠的孢子体和配子体在外形上很相似，但如果出现了囊果，便一定是雌配子体，囊果在藻体（雌配子体）上明显突起成疙瘩。

另外，观察其他红藻门代表植物，如石花菜属（*Gelidium*）、蜈蚣藻（*Grateloupia filicina*）、珊瑚藻（*Corallina officinalis*）、海萝（*Gloiopeltis furcata*）等的标本，了解其形态结构特征及生活史各阶段。

✱ 图片 12-3
石花菜属

✱ 图片 12-4
珊瑚藻

（三）绿藻门

1．衣藻属（*Chlamydomonas*）

喜含氮丰富的小型水体。用吸管吸取衣藻的水液，滴一滴在载玻片中央，显微镜下观察。藻体很小，仅数微米，单细胞，呈梨形、卵形或球形等，能自由运动。用吸水纸从盖玻片一侧吸去一部分水，使衣藻减慢或停止游动，转高倍镜观察衣藻的细胞构造：衣藻细胞前端有两条等长鞭毛，鞭毛基部附近有两个伸缩泡（光镜下不易见）。细胞具一个大形厚底杯状载色体，载色体底部有一个蛋白核（造粉体）。细胞核悬浮于杯状载色体杯腔的细胞质中。细胞叶绿体的前端有一个红色的眼点（图 12-4）。

从盖玻片边缘滴加 1 滴碘 - 碘化钾溶液，使衣藻运动减慢并染色。染色

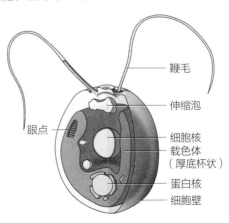

图 12-4　衣藻细胞结构示意图

后可较清晰地看到细胞前端的两条等长鞭毛，观察鞭毛时注意调小光圈，一些不大活动衣藻的鞭毛在未染色时也能被看到。染色后，衣藻细胞蛋白核周围的淀粉鞘变成蓝紫色或紫黑色。

2. 团藻属（*Volvox*）

喜清洁水体，常见于池塘、田沟和其他小水体中，亦可生于热带海滩。团藻为多细胞球状群体，其藻体常由 500～60 000 个细胞组成，细胞呈单层排列于球体表面，藻体直径可达 0.5～1 mm。每个细胞外具胶质鞘，细胞接触处彼此间的胶质鞘可互相融合，或与其他细胞的胶质鞘界限清楚。前者整个细胞群体藏于均匀的公共胶质鞘内；后者细胞由于互相挤压，其胶质鞘一般成六角形。营养细胞形态结构基本和衣藻相似，有的种类细胞间有类似胞间连丝连接。

无性生殖：团藻只有少数细胞分化成为繁殖胞，每个繁殖胞经多次垂周分裂，最后经过翻转而形成子群体，落在母群体腔中，待母体解体后子群体才被释放出来，成为新的团藻个体。注意观察实验材料里一个团藻内通常含有几个子群体？子群体内是否还有子群体（孙群体）。

有性生殖：卵配。仅藻体后端部分细胞形成生殖细胞：精子囊和卵囊。精子囊经多次分裂和翻转作用形成皿状排列的精子板，卵囊内仅有一个卵或已经是合子。成熟合子具有增厚的壁，其上通常有突起的花纹。合子萌发形成新的团藻个体。

3. 栅藻属（*Scenedesmus*）

图片 12-5
隆顶栅藻

淡水中广泛分布的类群，特别是在有机质丰富的水体中。栅藻属不具鞭毛，藻体由 4、8 或 16 个细胞以长轴相互平行排列成一行或两行形成定形群体，细胞壁光滑或有各种突起，不能运动，仅以似亲孢子进行繁殖。

4. 鞘藻属（*Oedogonium*）

淡水绿藻，常固着于在池塘中的水草、石壁或水簇箱的壁上。可用刀片刮取固着在基物上的藻丝，注意取到其茎部固着器，作水藏玻片在显微镜下观察。

藻体为单列细胞不分枝的丝状体，细胞筒状，内有 1 大而明显的细胞核，载色体网状，内藏多个蛋白核（造粉核），用碘－碘化钾溶液染色，蛋白核被染成黑色，清楚可见。有些细胞的一端具有相套叠的环状物，称为冠环，是鞘藻细胞分裂残留下的痕迹（图 12-5）。丝状体基部有固着器。

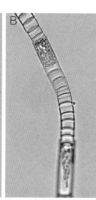

图 12-5　鞘藻
A. 藻丝一段，红色箭头示冠环；B. 精囊；
C. 卵囊

无性生殖时，藻丝上产生游动孢子囊，囊内仅有 1 游动孢子，游动孢子圆形或梨形，深绿色，有 1 红色眼点，近顶端生 1 圈鞭毛，顶端裸露。鞘藻的有性生殖为卵配，卵囊球形，内有 1 个大的球形卵细胞；精子囊短小，每个精子囊内产生两个精子。精子形态同游动孢子，但相比之下体积显著地小。

5．石莼属（*Ulva*）

全部海产，生于潮间带。石莼的孢子体和配子体同形，均为两层细胞厚的绿色膜状体，以多细胞的固着器固着于岩石或其他基物上。细胞结构为丝藻形。

6．水绵属（*Spirogyra*）（图 12-6）

水绵常见于稻田、水沟、池塘、河溪等水体中，用手触摸藻体有滑腻感。用镊子夹取数条水绵置于载玻片的水滴中，作水藏玻片。先在低倍镜下观察水绵的形态：藻丝是由单列细胞构成的不分枝丝状。换高倍镜观察细胞结构：细胞圆筒形，壁内有贴壁原生质，原生质中有一条或多条螺旋带状载色体，每条载色体上含有一列蛋白核（造粉体）。细胞中央为一大液泡，细胞核悬浮于细胞中央，通过放射状的原生质丝与贴壁的原生质相连。用碘 – 碘化钾溶液染色，可以看到细胞核呈橙红色，蛋白核被染成紫黑色。

水绵接合生殖时，藻丝颜色由草绿色变成黄绿色至黄褐色。用镊子镊取数条有接合生殖的水绵做水藏玻片，在显微镜下观察水绵梯形接合生殖的过程：

（1）两条并列的水绵，在各相对的细胞壁上形成突起。

（2）两突起的接触面隔膜溶解，形成连通的接合管。此管两边的两个细胞成为配子囊，每个配子囊内全部原生质体收缩成为配子，一配子囊（雄性的）的原生质体经此管迁移至另一个配子囊（雌性的）中。

（3）两个配子的全部原生质体结合，形成合子，此合子称为接合孢子。

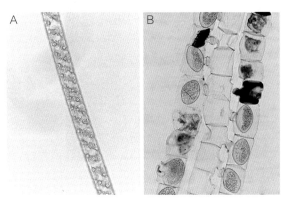

图 12-6 水绵藻丝（A）及接合生殖（B）

7．新月藻属（*Closterium*）

单细胞绿藻，细胞新月形，由两个半细胞构成。细胞中央有 1 细胞核，细胞核两侧各有 1 个载色体，载色体表面有纵条状突起，横切面呈星芒状，每个载色体上有 1 列蛋白核。行有性生殖时，细胞两两接近形成接合管，配子结合后产生接合孢子。

8．轮藻属（*Chara*）（图12-7）

常见于水体清澈的池塘。藻体高约10～60 cm，以假根固着在底泥中。

轮藻的形态：在白瓷盘内观察，必要时用放大镜帮助观察，仔细区分假根、主茎（主轴）、侧枝、节、节间及节上长出的轮生分枝（假叶）。注意观察轮生分枝的节上着生的精囊球（或称精囊）和卵囊球（或称卵囊）的形态和位置。

镊取具有精囊球和卵囊球的轮生分枝一小段放置于载玻片上，加上数滴水，用解剖针把材料分开，在解剖镜下观察或盖上盖玻片，在低倍镜下观察，轮生分枝节上生有单细胞的刺状结构（或称为"苞片"或"小苞片"）、精囊球和卵囊球。

卵囊球：生于"小苞片"上方，长卵形，卵囊球内有一个或多个卵。注意观察包围卵的五个螺旋状管细胞的形态，每个管细胞的上面有一个小的冠细胞，五个冠细胞组成卵囊球顶上的冠，冠是由一层细胞组成。

精囊球：生于"小苞片"下方，圆球形，成熟时橘红色。为了观察精囊球的内部构造，把精囊球压破，在显微镜下观察。精囊球的最外面一般有8个盾细胞（偶4个），盾细胞具橘红色色素。盾细胞中间向内伸出长的盾柄细胞。其上的次级头细胞长出数条单列细胞的精子囊丝体，每一个细胞是一个精子囊，每个精子囊内形成一个游动精子。

图12-7　轮藻
A. 植株；B. 轮生分枝的部分放大，示精囊球和卵囊球；C. 卵囊球放大；D. 精囊球放大，已挤破，精囊丝逸出

9．丽藻属（*Nitella*）

参见"文本12-1　丽藻"进行观察。

10．观察海松属（*Codium*）、浒苔属（*Enteromorpha*）、礁膜属（*Monostroma*）及羽藻（*Bryopsis pulumosa*）等陈列标本。

📄 文本12-1
丽藻

✴ 图片12-6
刺松藻

四、作业

1. 绘鱼腥藻丝体的一段，示营养细胞、异形胞和藻殖段。

2. 绘紫菜的果胞子囊及精子囊器的表面观。

3. 绘衣藻的细胞结构图。

4. 绘水绵的一个细胞，示细胞壁、细胞质、载色体、蛋白核、原生质丝和中央大液泡。

5. 将本次实验所观察到的藻类材料分门列出名录，并指出主要的形态结构及生活史特征。

材料名称	所属门	特征

五、思考题

1. 原核藻类与真核藻类的主要区别在哪里？

2. 我们食用的紫菜是孢子体还是配子体？举例说明红藻植物有何重要的经济价值。

3. 以紫菜和多管藻为例，说明红毛菜纲和真红藻纲的主要特征，并扼要说明红藻门植物的有性生殖特点。

实验十三 藻类植物 II

一、实验目的和要求

1. 掌握裸藻门（Euglenophyta）和甲藻门（Pyrrophyta）主要特征及其代表植物。

2. 认识不等鞭毛藻门（Heterokontophyta）的硅藻纲、黄群藻纲、黄藻纲和褐藻纲的主要特征及其代表植物。

二、实验材料

1. 裸藻门（Euglenophyta）：裸藻属 *Euglena*。

2. 不等鞭毛藻门（Heterokontophyta）：（1）黄群藻纲（Synurophyceae），如黄群藻属（*Synura*）；（2）黄藻纲（Xanthophyceae），如无隔藻属（*Vaucheria*）；（3）硅藻纲（Bacillariophyceae），如直链硅藻属（*Melosira*）、圆筛硅藻属（*Coscinodiscus*）、小环藻属（*Cyclotella*）、羽纹藻属（*Pinnularia*）、舟形硅藻属（*Navicula*）；（4）褐藻纲（Phaeophyceae），如水云属（*Ectocarpus*）、海带（*Laminaria japonica*）、裙带菜（*Undaria pinnatifida*）、鹿角菜（*Pelvetia siliquosa*）、马尾藻属（*Sargassum*）、黑顶藻（*Sphacelaria subfusca*）、萱藻（*Scytosiphon lomentarius*）、墨角藻属（*Fucus*）。

3. 甲藻门（Pyrrophyta）：多甲藻属（*Peridinium*）、角甲藻属（*Ceratium*）。

三、实验内容

（一）裸藻门

裸藻属（*Euglena*）：浮游单细胞藻类，喜生于有机质丰富的水体中。高温季节裸藻可能在有机质丰富的水体形成"水华"。

在显微镜下观察裸藻（图13-1）：单细胞体，多为梭形，少数为圆柱形，常前端钝，后端尖削。裸藻细胞无细

图13-1 **裸藻**

▶ 视频 13-1
裸藻运动

胞壁，表面是原生质膜和表膜（亦称周质体），多数种类表膜柔软，藻体可收缩变圆，亦可伸长成梭形。细胞前端有一条鞭毛从细胞的胞口伸出，胞口下为颈状的胞咽，胞咽之下为袋状的贮蓄泡，贮蓄泡附近有 1 至数个伸缩泡（光镜下不易见），贮蓄泡附近一个明显的红色眼点。细胞核 1 个，球形，位于细胞中部的原生质中。大多数种类具多数颗粒状的载色体，少数种类载色体仅 1～2 个，呈星状或带状，中轴位，载色体中往往有蛋白核（造粉核）。细胞内有 1 至数个白色透明的环状、颗粒状或杆状的裸藻淀粉，是裸藻的同化产物，以碘 – 碘化钾溶液染色，不变成紫黑色。

（二）不等鞭毛藻门——黄群藻纲

黄群藻属（*Synura*）：亦称合尾藻。多见于淡水。黄群藻细胞呈梨形，每个细胞末端有透明胶质柄，细胞以胶质柄彼此互相黏合成放射状的群体，细胞前端有 2 条近等长的鞭毛。细胞具 2 枚板状弯曲的色素体，无眼点。

（三）不等鞭毛藻门——黄藻纲

无隔藻属（*Vaucheria*）（图 13-2）：生于淡水水体或呈毡状丛生于潮湿的土表，外观深绿色。镊取数根无隔藻藻丝，制作水藏玻片，在显微镜下观察。藻体为稀疏分枝的多核管状体，藻丝无横隔壁，藻体基部有无色的假根。原生质体贴壁，内含多数的细胞核、粒状的色素体及微小的油滴，中央大液泡占据了藻体大部分。可用碘 – 碘化钾溶液染色，注意观察其是否有淀粉颜色反应。

无性生殖：丝体顶端成棒状膨大，其内有多数细胞核和色素体，并与藻丝间生出横隔，形成孢子囊。孢子囊内的原生质体只形成一个多核多鞭毛的复合游动孢子。

有性生殖：同宗配合。性器官形成时，常在同一条的丝体上产生相邻的突起，基部形成横壁，分别形成藏精器（精囊）和藏卵器（卵囊）。不同种类精囊和卵囊的位置及形状不同，但藏精器多呈棒状，常弯曲，精囊内产生多数具单核多鞭毛的精子；卵囊呈梨状，膨大成卵形。卵囊内仅含 1 卵细胞。

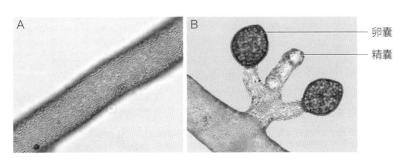

图 13-2 无隔藻
A. 一段藻丝；B. 有性生殖形成的精囊和卵囊

（四）不等鞭毛藻门——硅藻纲

1. 直链硅藻属（*Melosira*）

丝状群体，每个细胞通常为短圆柱形，壳面为圆形，壳环面为长方形。群体中各个细胞以壳面相连形成丝状群体（图13-3）。

2．圆筛硅藻属（*Coscinodiscus*）

单细胞硅藻，细胞似一培养皿，壳面有辐射状或不规则排列的近六角形孔纹，有些种类中央孔纹明显大而形成玫瑰区（图13-4）。

3．小环藻属（*Cyclotella*）

单细胞硅藻，壳面圆形，近缘有辐射状排列的线纹和孔纹，中央部分无花纹或具放射状排列的孔纹，中央部分花纹与边缘花纹不同，并明显断开。

4．羽纹硅藻属（*Pinnularia*）

淡水中的分布极广，浮游或底栖。吸取沉于瓶底标本水液1滴置于载玻片中央制成水藏玻片，先在低倍镜下找到较大的藻体，然后转高倍镜观察其细胞结构。

羽纹硅藻为单细胞硅藻，外形似一长椭圆形的小盒，由上壳和下壳套合而成，上壳较大，下壳较小，上下壳面又称为瓣面，上下壳套合的侧面称壳环带（环带面），呈长方形（图13-5）。在低倍镜下，可用解剖针轻压盖玻片，使藻体翻转，观察壳面和环带面的形状特征（参见"图片13-1"）。

（1）壳面观（瓣面观）：正对壳面的位置看，壳面处于观察的高位上。

藻体为长椭圆形，色素体呈两条窄的带，分布于贴近两个带面的原生质内，两片色素体之间有原生质桥相连，细胞核位于原生质桥内，原生质桥的上下两侧各具一个大液泡。壳面的长轴两侧具横向平行排列的肋纹，壳面中央有一条纵走的略弯曲的"S"形壳缝，壳缝被中央节隔断，硅藻借助其壳缝系统内细胞质与水等基质接触才能运动。中央节和端节显微镜下呈折光性较强的小圆点，缩小光圈可见。

（2）环带面观（侧面观）：正对壳环带的位置，环带面处于观察的高位上。

藻体为长方形，仔细观察其细胞壁由上壳和下壳套合而成，在上壳和下壳壳面的两端和中央分别能看到向内突起的加厚的两个端节和一个中央节。壁内有一层贴壁原生质，两片黄棕色的片

图13-3　直链硅藻

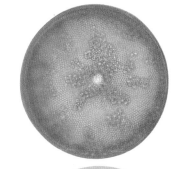

❇ 图片13-1
羽纹硅藻壳面观和带面观

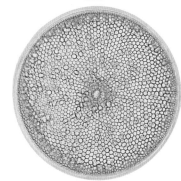

图13-4　圆筛硅藻

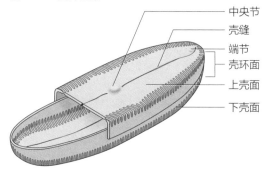

中央节
壳缝
端节
壳环面
上壳面
下壳面

图13-5　硅藻细胞的结构模式图

状色素体藏在原生质中，分别位于相对的两个环带面内侧，因此环带面观只看到一片充满整个带面的色素体。细胞中部的原生质内有 1 个细胞核，桥两边各有一个大液泡。原生质内具数个油滴。

观察硅藻时，常可看到硅藻细胞分裂。一个母细胞分裂成两个子细胞，原来母细胞的上壳和下壳内方分别产生两个子细胞的下壳。这样不断产生的子细胞体除了一个保持原细胞大小外，其余的是否会越来越小？硅藻通过什么方式使其恢复到原来细胞的大小？

5．舟形硅藻属（*Navicula*）

它与羽纹硅藻的主要区别是：体形较小，壳面观舟状，细胞两端变尖、钝圆。上下壳面的壳缝直，壳面的花纹为线纹或点纹。

6．硅藻土（示范观察）

（五）不等鞭毛藻门——褐藻纲

1．水云属（*Ectocarpus*）

海生褐藻，生于潮间带的岩石上。观察水云腊叶标本或浸制标本，藻体为异丝体，褐色，高 5～15 cm，丛生固着，下部多少缠结匍匐，上部直立。

在显微镜下观察藻体的构造：水云的孢子体和配子体同形，均为单列细胞分枝的异丝体。无性生殖时在孢子体侧枝上长单室孢子囊和多室孢子囊（中性孢子囊），多室孢子囊长卵形或锥形，单室孢子囊卵圆形。有性生殖时配子体的侧生小枝顶端细胞发育成长圆筒形、先端渐尖的多室配子囊，外形似多室孢子囊。

2．海带（*Laminaria japonica*）

（1）孢子体的形态：海带孢子体由根状的固着器、短圆柱状或扁而厚的柄（带柄）、以及连接在柄上的扁带状叶片（带片）三部分组成，带柄不分枝，带片无中肋。注意观察叶片上斑疤状隆起的孢子囊群。

（2）孢子体的结构：取带片的横切面玻片标本在显微镜下观察（图 13-6A），

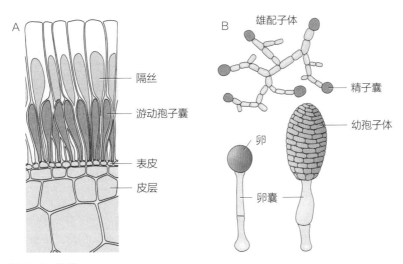

图 13-6　**海带**

A. 海带叶片横切近表皮部示意图；B. 雌、雄配子体和幼孢子体

或用刀片截取长 2 cm，宽 0.5 cm 的带片，最好选择一面具孢子囊，另一面无孢子囊或其中一部分无孢子囊的材料，然后作横切面徒手切片，选择其中较薄而完整的数片作水藏玻片。在显微镜下观察，其组织分化出表皮、皮层和髓三部分。最外层为表皮，由 1～2 层方形或多角形的小细胞组成，排列齐整、紧密，内含色素体，表面有胶质层；表皮以内为皮层，细胞较大，呈多角形，壁薄，皮层内有分泌腔（黏液腔）；中部为髓，由无色的髓丝组成。

孢子囊位于带片的最外层，由表皮细胞分化而来，聚生成孢子囊群。孢子囊单室、棒状，与隔丝相间排列，高为隔丝的 1/2～2/3。隔丝顶端有透明的粘液帽（胶质冠），下部细长无色。孢子囊内有 32 个孢子，孢子萌发产生配子体。

（3）雌配子体与雄配子体：在显微镜下观察雌、雄配子体玻片标本。成熟的雄配子体是由十余个细胞组成的分枝丝状体，每个顶端细胞均可形成精子囊，精子囊中只形成 1 个无色精子。雌配子体只有 1～2 个细胞（也有数个的），细胞较雄配子体的大。成熟的雌配子体只在顶端细胞形成一个卵囊，全部内含物形成一个卵，成熟的卵排出停留于卵囊顶的小孔处，受精后形成合子，进一步发育成二倍的孢子体（图 13-6B）。

3．裙带菜（*Undaria pinnatifida*）

▣ 文本 13-1
裙带菜

参见"文本 13-1　裙带菜"进行观察。

4．鹿角菜（*Pelvetia siliquosa*）

暖温带海生褐藻，黄海特产种类，一般长在潮间带的岩石上。

（1）藻体（孢子体的）形态：取浸制标本或腊叶标本观察，藻体新鲜时为橄榄黄色，干燥后变黑色，软骨质。基部固着器盘状；"茎"（柄）近圆柱形，短，叉状分枝。生殖时在分枝的顶端形成生殖托。成熟的生殖托呈"长角果"状，较普通分枝粗。生殖托表面有结节状突起和很多微细的小孔，为生殖窝的开口。

✪ 图片 13-2
鹿角菜生殖托切面观察

（2）生殖托的结构：取鹿角菜生殖托玻片观察，在生殖托内藏有多数壶形的生殖窝，每个生殖窝内长有精囊和卵囊以及隔丝。卵囊内含有 2 个中分或略斜分的卵。精囊生在生殖窝壁长出的丝体上，每个分枝常有 2～3 个精子囊。

另外，观察马尾藻属（*Sargassum*）、墨角藻属（*Fucus*）、黑顶藻（*Sphacelaria subfusca*）、萱藻（*Scytosiphon lomentarius*）等标本。

（六）甲藻门

1．多甲藻属（*Peridinium*）

▶ 视频 13-2
角甲藻和多甲藻
运动

海水和淡水均常见。先在低倍镜下观察多甲藻的运动，用解剖针针尖轻压盖玻片，使藻体翻转，观察藻体的背、腹面。转高倍镜观察藻体的形态结构，最后用解剖针柄轻压盖玻片，使板片离散，以理解甲藻的细胞壁是由多块板片嵌合而成。

多甲藻属为单细胞体，呈卵形或近卵形，有背腹面之分，细胞腹面略凹入，故顶面观为肾形。细胞由多块板片嵌合而成，板片光滑或具花纹。细胞中部具横沟，把细胞分为上壳和下壳两部分，横沟中有一条横生的鞭毛，在下壳的腹侧有一条纵沟，沟中有一条纵走的鞭毛，横生和纵走的两条鞭毛自两沟相交处生出。

细胞内具多数黄褐色盘状色素体，贮藏物为淀粉，用碘 – 碘化钾溶液染色可变为紫黑色。细胞核一个，中央位。

2. 角甲藻属（*Ceratium*）

海水和淡水中均常见。角甲藻为单细胞体，其细胞结构与多与多甲藻相似，细胞壁由多个板片嵌合而成，具横沟和纵沟，具横鞭毛和纵鞭毛，但两者的形状明显不同，角甲藻细胞前端有一个较长的顶角，后端有 2 或 3 个较短的底角，也有的仅有 1 个底角显著，而另一个退化（图 13-7）。

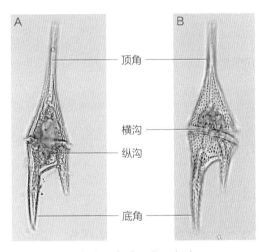

图 13-7　角甲藻腹面（A）和背面（B）

四、作业

1. 在显微镜下拍裸藻图片，标注观察到的细胞结构。

2. 绘羽纹硅藻（或舟形硅藻）的壳面观及带面观，示细胞核，载色体，壳缝，中央节及端节。

3. 绘海带带片横切，示带片结构和游动孢子囊等。

五、思考题

1. 结合实验材料谈谈硅藻和甲藻有哪些相同之处和不同之处。

2. 举例说明褐藻植物有何重要的经济价值。

3. 以水云、海带和鹿角菜为例，说明褐藻纲的水云目、海带目、墨角藻目的主要特征和生活史类型。

4. 不等鞭毛藻门的金藻纲、黄藻纲与硅藻纲在形态结构和生殖行为上有哪些异同点？

5. 细胞壁花纹特征是硅藻的分类的重要依据，阅读附录二"硅藻酸处理及永久封片制作"，思考在实际科研工作中在哪种情况下需使用该方法。

开放实验一　藻类植物的采集及检索

一、实验目的和要求

1. 学习藻类植物的采集方法，进一步了解藻类植物的形态特征及其生态分布特点。

2. 学习和掌握利用检索表进行常见藻类的检索和鉴定。

二、实验材料和工具

1. 采集用具：25号浮游生物网、标本瓶、吸管、镊子、采集刀、采集记录本、标签纸、铅笔、pH试纸、温度计等。

2. 检索工具书：《中国淡水藻志》和《中国淡水藻类》，相关地区藻类图谱等。

三、实验内容

1. 野外观察

各种藻类对水质要求不同，所以不同的水体中藻类组成也不一样。通常根据水色可初步判断其大类群的组成。水色呈绿色，可能以浮游绿藻为优势类群；茶褐色的水体中可能含有较多隐藻或甲藻、硅藻类；如果水面有一层薄的绿膜，可能是裸藻形成的"水华"；水面漂浮蓝绿色或蓝黑色，可能是微囊藻或颤藻等蓝藻，水底泥面上蓝绿色薄层，也多为蓝藻；浅水沟、水坑底泥表面黄褐色，多为底栖硅藻。漂浮生长的丝状体藻类可用手触摸来作初步鉴别，触感光滑的可能是水绵，触感较粗糙的可能为刚毛藻等。

2. 采集方法

（1）浮游藻类：使用浮游生物网采集。有"水华"的水体可直接用水瓢取样。采集样品的同时测定水温及pH，做好记录、编号，并在瓶上贴好标签。采集标本液不超过标本瓶的容积的2/3。

（2）漂浮藻类：对有些漂浮成团的藻类如水绵、颤藻等可用镊子或水瓢直接将标本连水盛入标本瓶中。

（3）附生藻类：这类藻有固着器着生在水中石头、水生植物等物体上，如刚毛藻、鞘藻等。可将藻体连同固着器和基物一同采下，放入装有此水体的标本瓶内。

（4）气生和亚气生藻类：对于附生在树木、岩石、土壤、墙壁上的藻类，可用小刀削刮下藻体，或连同藻体着生的基物一起采集，放入标本瓶中。

3．采集记录

每采集一号标本都需要进行编号，用铅笔在标签纸写上编号放入标本瓶中。同时在采集记录本上记录采集时的编号、地点、日期、生态条件（光照、气温、水温、pH 等）、生长情况、采集人等信息。注意：采集记录本上的编号与标本内标签纸上的编号要一致。

4．检索鉴定

将藻类标本带回到室内在显微镜下观察。使用《中国淡水藻类》和《中国淡水藻志》等相关藻类志检索。鉴别到属时常要用碘 – 碘化钾溶液以辨别鞭毛、贮藏物质等。

5．标本保存

采集来的标本在 48 h 内鉴定不完或需要长期保存的，可用 2%～4% 的甲醛溶液固定保存。

实验十四　菌物

一、实验目的和要求

1. 认识类菌物中黏菌门和卵菌门的主要代表类群及其主要特征。
2. 掌握大型菌物主要门类的特点、代表类群及其结构特征。

二、实验材料

1. 黏菌门（Myxomycota）：发网菌属（*Stemonitis*）。

2. 卵菌门（Oomycota）：水霉属（*Saprolegnia*）、白锈菌（*Albugo candida*）。

3. 毛霉菌门（Mucoromycota）：匍枝根霉（*Rhizopus stolonifera*）、毛霉属（*Mucor*）。

4. 子囊菌门（Ascomycota）：

（1）酵母菌纲（Saccharomycetes）：酿酒酵母（*Saccharomyces cerevisiae*）。

（2）散囊菌纲（Eurotiomycetes）：青霉属（*Penicillium*）、曲霉属（*Aspergillus*）。

（3）锤舌菌纲（Leotiomycetes）：白粉菌属（*Erysiphe*）。

（4）粪壳菌纲（Sordariomycetes）：麦角菌（*Claviceps purpuea*）、冬虫夏草（*Ophiocordyceps sinensis*）、稻瘟病菌（*Piricularia oryzae*）。

（5）盘菌纲：盘菌属（*Peziza*）、羊肚菌属（*Morchella*）。

5. 担子菌门（Basidiomycota）：

（1）黑粉菌纲（Ustilaginomycetes）：小麦散黑粉病菌（*Ustilago tritici*）、玉米黑粉菌（*Ustilago maydis*）。

（2）柄锈菌纲（Pucciniomycetes）：禾柄锈菌（*Puccinia graminis*）。

（3）银耳纲（Tremellomycetes）：银耳（*Tremella fuciformis*）、木耳（*Auricularia auricula*）。

（4）伞菌纲（Agaricomycetes）：草菇（*Volvariella volvacea*）、大球盖菇（*Stropharia rugosoannulata*）、蘑菇（*Agaricus campestris*）、马勃属（*Lycoperdon*）、秃马勃属（*Calvatia*）、灵芝（*Ganoderma lucidium*）、猴头（*Hericium erinaceus*）、茯苓（*Poria cocos*）、竹荪属（*Dictyophora*）、鬼笔属（*Phallus*）、地星属（*Geastrum*）、牛肝菌属（*Boletus*）。

三、实验内容

(一)黏菌门

发网菌属（*Stemonitis*）：营养体为裸露的多核原生质体，以变形体的方式生活在阴湿处的朽木、败叶上，通过吞食固体颗粒行异养生活。无性生殖时变形体运动至光亮干燥处，形成发状突起，每个突起发育成1个具柄的孢子囊（即子实体）。

观察发网菌孢子囊的显微结构（图14-1）：孢子囊长筒形，孢子囊壁（包被）薄，孢子囊柄细长，囊柄向囊内延伸成囊轴，囊轴向各方向分枝形成网状的孢丝，网眼内原生质团割裂成许多具单核的原生质块，每个原生质块分泌细胞壁，形成1个孢子。孢子具纤维素细胞壁。成熟时孢子囊壁破裂，孢子借孢丝的弹力散出。

孢子
网状孢丝
孢子囊轴

图 14-1　发网菌孢子囊结构（部分放大）

(二)卵菌门

1. 水霉属（*Saprolegnia*）

寄生于小鱼、鱼卵或鱼的伤口上或腐生于植物、昆虫及鱼类等的遗体上。用镊子镊取少许菌丝，置于载玻片中央的水滴中，用解剖针将菌丝分散，盖上盖玻片在显微镜下观察或取水霉玻片观察：

（1）菌丝体：为无隔具分枝的多核丝状体。

（2）无性生殖：水霉无性生殖时其菌丝分枝的末端略膨大、基部产生一横隔形成游动孢子囊。游动孢子囊长筒状，在高倍镜下观察囊内的孢子，是否可看到游动孢子囊顶端的囊顶？是否观察到孢子囊层出现象？

（3）水霉的有性生殖（图14-2）：在显微镜下观察水霉的新鲜标本或永久玻片，找到精囊和卵囊，注意观察：① 卵囊和精囊的着生位置；② 精囊和卵囊

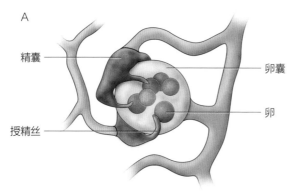

图 14-2　水霉的有性生殖（A）和卵囊（B）

的基部是否具横壁与菌丝隔开；③ 球形的卵囊内有几个卵；④ 是否能看到精囊上的授精管。卵囊内的卵受精后形成的卵孢子与未受精的卵的形态有何区别？

2. 白锈菌（*Albugo candida*）

白锈菌寄生于十字花科植物上，侵害其茎、叶、花及果实。取生活或腊叶标本观察，注意叶上白泡状病灶，它是孢子囊群（堆）在表皮下生长所致，白锈病因此得名。

（1）无性生殖：显微镜下观察白锈菌侵染植物病灶的切片标本。被寄生叶片的表皮下可看到丛生直立的棍棒状孢囊梗，自孢囊梗顶部向基分裂出一串念珠状的孢子囊。丛生的孢囊梗基部的菌丝蔓延在寄主叶内细胞之间，这些菌丝在切片玻片标本中呈现颗粒或短丝状。

（2）有性生殖：有性生殖时在菌丝顶端分别形成精子囊与卵囊，与菌丝间有横壁分开。球形卵囊内形成 1 个卵，卵囊内的原生质分两层：外层为周质，有多核，中央部分为 1 团原生质，只含 1 核，这个中央部分就是卵。能看到精囊上的输精管吗？卵囊内的卵受精后形成的合子称卵孢子，具厚壁，可分出三层。

（三）毛霉菌门

1. 匍枝根霉（*Rhizopus stolonifer*）

极为常见的腐生菌，常见于面包、馒头、蔬菜、瓜果等日常食品上，导致其腐烂变质。实验前一周可将一块面包或馒头在空气中暴露数小时后，放在干净培养皿中，皿底垫几层纱布并加少许水，盖上盖保持湿润，将培养皿置于较温暖处，数天后面包上就长出一层白色的菌丝，即为根霉。亦可在马铃薯琼脂培养基上接上菌种，在 30 ℃恒温箱内培养，三天左右获得菌丝。水霉菌丝体由假根、匍匐菌丝、孢囊梗和孢子囊等部分组成（图 14-3）。

菌丝体及孢子囊：实验时用镊子在培养基上镊取少许带有黑色小点的菌丝，取样时注意取到假根部分，将样品放在载玻片的水滴中，小心将菌丝分散，盖上盖玻片在显微镜下观察。注意观察菌丝有无分隔，并区分菌丝体的各个部分。菌丝上的黑色小点为孢子囊，在高倍镜观察孢子囊的结构：孢囊梗顶端膨大成孢子囊；囊内有一个半球形的囊轴，囊轴基部与孢子囊梗相连处有膨大的囊托，孢子

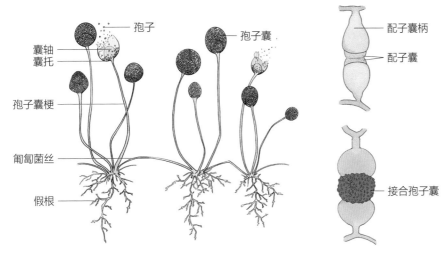

图 14-3　匍枝根霉的菌丝、孢子囊及接合孢子囊

囊内有许多黑色的孢囊孢子。

有性生殖：取匍枝根霉有性生殖玻片在显微镜下观察。在正（＋）、负（－）两条不同宗菌丝相遇处，两菌丝各侧生一短丝，两短丝的顶端接触处膨大，成为原配子囊，以后产生横隔，将每条短丝分为两部，横壁之前（即短丝之顶端）为配子囊，其后为配子囊柄，两配子囊接合处的细胞壁消失，两配子囊的原生质体融合，细胞核配对融合，形成二倍体的合子，又称为接合孢子。成熟的接合孢子囊壁具有花纹，接合孢子无纹饰。

2．毛霉属（*Mucor*）

腐生菌，广泛存在于动物粪便及土壤等生境，可用于制作酒曲。菌丝体无假根与匍匐菌丝的分化，孢囊梗单生，多有分枝，分枝顶端生球形孢子囊，囊轴形状变化，无囊领。

（四）子囊菌门

1．酿酒酵母（*Saccharomyces cerevisiae*）

喜生于含糖的基质中，如花蜜和果实的表面等，可用于制作酒曲。把酿酒酵母接种在马铃薯琼脂培养基上，于 27 ℃左右的恒温培养箱培养三天即可用于实验观察；市场上购买的米酒中亦含大量酿酒酵母。

用解剖针挑取适量酵母做水藏玻片在显微镜下观察：酵母菌为单细胞体，多为卵形，细胞中央为一大液泡，细胞质内含有脂质体等贮藏物。细胞核小，要染色才能看见。酵母的繁殖通常是出芽生殖（芽殖），细胞的一端突起形成一个小芽体，也可以多边出芽，有时小芽体尚未离开母体时又可产生新芽体，互相连成一串，形成假菌丝。

2．青霉属（*Penicillium*）

腐生菌，在水果、蔬菜、肉食、皮革、面包和衣物上均常见。取一块柑皮或橙皮放在垫有湿纱布的培养皿内，培养数日就有大量青霉生长；或把青霉菌种接种到马铃薯琼脂培养基上，在27℃下培养一周即成。最初长出的菌丝白色，分生孢子也白色，但以后分生孢子变成灰绿色。先观察基物上青霉菌落的颜色和质地（对比根霉的菌落有何差异），然后在显微镜下观察菌丝的形态：菌丝具有横隔；无性生殖时菌丝产生分枝的、扫帚状的分生孢子梗，最末一级呈瓶状，称小梗，小梗下的一级为梗基，小梗上形成一串绿色的分生孢子。

3. 曲霉属（*Aspergillus*）

腐生菌，引起皮革、棉织品等霉坏或导致食物和饲料发霉变质。观察培养基上菌落的特征，注意比较其与青霉及匍枝根霉菌落的异同。从贴近培养基的位置取少许菌丝置于载玻片上，曲霉分生孢子数目极多，影响对孢子囊结构的观察，在观察前先用吸管吸水多次冲洗菌丝，冲走过多的孢子后再作水藏玻片观察。曲霉菌丝为有隔菌丝，分生孢子梗顶端膨大成球，称泡囊或顶囊，泡囊表面有一层或两层放射状排列的瓶形小梗，小梗顶端产生一串球形分生孢子。

4. 白粉菌属（*Erysiphe*）

专性寄生菌，引起许多经济作物致病。寄生有白粉菌的植物叶片的叶面上可见白色菌丝和白粉状的分生孢子，亦可见黑褐色小点，即为闭囊壳。在显微镜下观察闭囊壳整体封片及闭囊壳切片玻片：闭囊壳球形，壳壁（包被）分为内外两区，外区细胞的细胞壁较厚，内区的细胞壁较薄，由壳壁表层细胞突起形成附属丝。闭囊壳内有1个或多个子囊，每个子囊内有8个子囊孢子。

5. 麦角菌（*Claviceps purpuea*）

专性寄生菌，寄生于黑麦，大麦和小麦等禾本科植物的子房中，寄主被侵染后的子房充满菌丝，形成大量分生孢子，产孢完成后菌丝收缩形成羊角状菌核，称为麦角。菌核在土中越冬后长出有柄的头状子座，子座头部表面有许多点状突起，为子囊壳的开口。

在显微镜下观察子座纵切玻片的标本：子座头部表层下有一层子囊壳，孔口伸出子座，每个子囊壳内有多个圆筒形子囊，每个子囊内有8个线形的子囊孢子。

6. 冬虫夏草（*Ophiocordyceps sinensis*）

该菌子囊孢子在夏秋时侵染蝙蝠蛾幼虫，并在幼虫体内发育成菌丝体，染病幼虫钻入土内越冬，菌丝以虫体为营养生长，最后虫体被菌丝充满，形成菌核。翌年夏，土内的僵虫（菌核）前端生出一个（罕2~3个）有柄的棒状子座，露出土外，此菌核和子座即为中药的冬虫夏草。观察冬虫夏草标本，注意区分虫形菌核及子座，取子座玻片在显微镜下观察，可见其构造与麦角菌相似。

7. 稻瘟病菌（*Piricularia oryzae*）

亦称为稻梨孢菌或灰梨孢菌。该菌引起水稻稻瘟病，是我国水稻产区极普遍而严重的病害。

（1）水稻稻瘟病的病症：取腊叶标本或活标本观察，注意水稻叶片、秆和谷穗上的病斑的形态和颜色。

（2）分生孢子梗和分生孢子：取玻片标本观察，分生孢子梗有分隔，自气孔或直接穿透表皮伸出，单生或具分枝，顶端常着生5~6个分生孢子，多的可达

9～20 个；分生孢子梨形，具短柄，多具 2 个分隔。

另，可观察盘菌属（*Peziza*）和羊肚菌属（*Morchella*）的子囊果。

■ 文本 14-1
盘菌和羊肚菌

（五）担子菌门

1．玉米黑粉菌（*Ustilago maydis*）

玉米黑粉菌是玉米黑粉或黑穗病的病原真菌。观察标本及冬孢子装片。被感染的玉米果实膨大成瘤状，其内充满菌丝，瘤内的寄主组织全部被破坏，仅剩一层表皮。秋后菌丝断裂成许多短细胞（N+N），进一步发育成冬孢子，冬孢子既是玉米黑粉菌的性孢子，又是其休眠孢子和传播器官，同时也是其初级担子原始细胞。

另外可观察黑粉菌属其他种如小麦散黑粉菌 *Ustilago tritici* 等。

2．禾柄锈菌（*Puccinia graminis*）

禾柄锈菌是常见的寄生菌，其生活史中有 2 个不同的寄主，一宿主为小麦等禾本科植物，另一宿主为小檗属或十大功劳属等植物，是转主寄生的锈菌。在生殖过程中产生五种不同的孢子：担孢子、性孢子、锈孢子、夏孢子和冬孢子（图 14-4）。

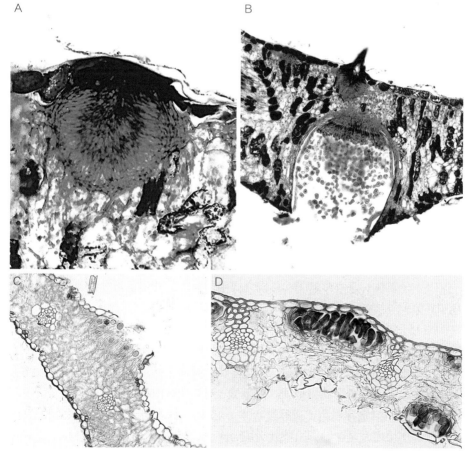

图 14-4　麦锈菌
A. 性孢子器；B. 锈孢子器；C. 夏孢子器；D. 冬孢子堆

（1）小麦和小檗病株的观察：小麦的杆、叶鞘和叶片上红锈色的条状小疱是夏孢子堆，黑褐色的条状小疱为冬孢子堆。小檗叶片腹面褐黄色（后变为褐色）的斑点是性孢子器，叶背面橘黄色的斑点则为锈孢子器。

（2）性孢子器和锈孢子器：取小檗叶病灶横切玻片观察，在叶片上部栅栏组织内可见瓶状性孢子器，性孢子器顶有小孔露出叶表面。性孢子器有性别分化，在棒状性孢子梗顶端连续产生圆形、成串的"+"或"−"性孢子。在靠近下表皮的海绵组织内生有由双核菌丝组成的杯状的锈孢子器，其四周有一层包被，器基部的棒形细胞产生成串的锈孢子。锈孢子器是怎样形成的？锈孢子是单核还是双核？

（3）夏孢子堆和夏孢子：锈孢子萌发侵染小麦叶片，在小麦叶组织内形成大量菌丝并很快产生夏孢子堆。取长有夏孢子堆的小麦叶片的横切面玻片观察，夏孢子单细胞，卵圆形，壁较薄，有小刺，孢内具双核，孢子下有长柄。

（4）冬孢子堆和冬孢子：取长有冬孢子堆的小麦叶片观察，冬孢子由两个双核的细胞组成，壁较厚，下有较短的柄。冬孢子成熟后双核融合为一。

（5）担子和担孢子：取冬孢子萌发的玻片标本观察。冬孢子经越冬后翌年春萌发，其两个细胞各产生一条原菌丝（担子），其后，每个担子产生横隔分成四个细胞，每个细胞各生 1 小梗，其上生担孢子，担孢子经减数分裂形成，染色体数目为 1N。

3．银耳（*Tremella fuciformis*）

寄生真菌。担子果白色，富胶质，由薄而卷曲的胶质瓣片组成。观察担子果横切面标本：子实层埋于担子果表层下，担子下部球形，纵分成 4 个细胞，称为下担子，每个细胞上伸出细长的管，称为上担子，末端突出胶质体外，具短小梗，顶生 1 担孢子。

4．木耳（*Auricularia auricula*）

腐生在树木上，担子果黑褐色，富胶质，耳状或杯状或渐变叶状。较光滑无绒毛的一面（凹面）生子实层。其担子长形，具横分隔而形成 4 个细胞的担子。

5．草菇（*Volvariella volvacea*）

通常长在稻草或其他禾草上。

（1）子实体：观察草菇子实体浸制或生活标本，其担子果有菌盖、菌褶、菌柄和外菌幕等结构，外菌幕破裂后在菌柄基部形成菌托。

（2）子实层：取草菇菌褶玻片标本在显微镜下观察（或取幼子实体的菌盖做徒手切片，选取较薄的切片作水藏玻片进行观察），注意菌褶两侧的表面由担子和侧丝栅栏状排列形成的子实层。担子棒状，无隔，其顶部生长有 4 个小梗，每个小梗上生有一椭圆形的担孢子。在担子之间有较短的不育的侧丝，子实层中还有少数大型的细胞称隔胞（或称囊状体），在切片标本中，隔胞往往萎缩，只留残迹。子实层内方是菌髓，由菌丝交织而成。

（3）锁状联合：观察草菇双核菌丝锁状联合的特征，其细胞分裂时在双核菌丝上留下一个连接两个细胞的弯管状的结构，是担子菌的重要特征之一。

6．蘑菇（*Agaricus campestris*）

观察新鲜或干标本，识别菌盖、菌柄、菌环、菌褶等结构。取伞菌菌盖横切面玻片标本，观察菌褶的结构特征（参见草菇菌褶结构描述）。

7．大球盖菇（*Stropharia rugosoannulata*）

生于林中、林缘的草地上或路旁。观察其子实体的各部分结构：菌盖、菌柄、菌褶、内菌幕和菌环。子实体初为白色，菌盖近半球形，长大后菌盖逐渐扁平，颜色渐变成红褐色至暗褐色。

取大球盖菇的菌褶做徒手切片，可见其菌褶包含菌髓和子实层（图 14-5）。子实层由担子和侧丝整齐排列形成，担子棒状，无隔，其顶部生长有 4 个小梗，每个小梗上生有一椭圆形的担孢子。在担子之间有较短的不育的侧丝，亦可见少量细胞明显大于担子和侧丝，为隔胞。

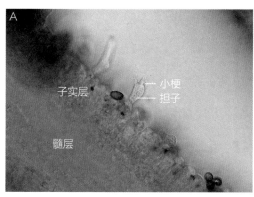
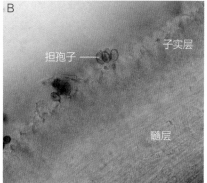

图 14-5　大球盖菇的菌褶切片（示髓层和子实层构造）

8．马勃属（*Lycoperdon*）（图 14-6A）

子实体凸出于地面。子实体球形或梨形，具包被二层，外包被具刺、疣或颗粒，易脱落；内包被膜质，顶端开裂形成小口，孢子由此散出。

9．猴头（*Hericium erinaceus*）

腐木生真菌。观察浸制标本或新鲜标本：担子果肉质，新鲜时白色，干后浅褐色，块状，满布肉质针状的刺，子实层着生于刺上。

10．灵芝（*Ganoderma lucidum*）

长在腐木或木桩上。担子果木质或木栓质，有柄或无柄，菌盖和菌柄表面有坚硬的漆样皮壳。子实层位于菌管中，用手持放大镜观察灵芝担子果的菌管。在显微镜下观察担孢子的形态：卵形，顶端平截，外壁无色，光滑，内壁褐色，往往粗糙。

11．鬼笔属（*Phallus*）

担子果幼时球形或卵形，外有包被，成长后，菌柄伸长，其顶有菌盖，原来的包被留在菌柄的基部称菌托（图 14-6B）。竹荪属（*Dictyophora*）担子果和鬼笔相似，但菌柄上端有网状的菌幕（图 14-6D）。

图 14-6　担子菌门代表种
A. 马勃; B. 鬼笔; C. 地星; D. 竹荪（于润贤和王庚申供图）

12．地星属（*Geaster*）

担子果近球形，具两层包被，成熟时外包被星状开裂，内包被不开裂，从顶部开孔，放出孢子（图 14-6C）。

■ **文本 14-2**
秃马勃属、茯苓和
牛肝菌属

另，可观察秃马勃属（*Calvatia*）、茯苓（*Poria cocos*）和牛肝菌属（*Boletus*）等担子菌的担子果。

四、作业

1．绘匍枝根霉具孢子囊的一段菌丝，示匍匐菌丝、假根、孢囊梗、孢子囊、囊轴及孢囊孢子。

2．绘一段曲霉菌丝，示分生孢子梗、泡囊、小梗、梗基和分生孢子。

3．绘禾柄锈菌一个冬孢子和一个夏孢子。

4．绘草菇菌褶一部分，示担子、担孢子、侧丝、隔胞及髓。

五、思考题

1. 以发网菌为例阐述黏菌在生物分类系统中的地位和在生态系统中的意义。

2. 以水霉和白锈菌的生活史说明卵菌门菌物的特征。如何理解水霉是水生的，白锈菌是由水生过渡到陆生的？

3. 从酿酒酵母的形态和生殖特点说明它为什么属于子囊菌。

4. 子囊果有几种类型？各有哪些代表种类？请举例说出子囊菌中与人类具有密切关系的一些种类。

5. 列表比较毛霉菌门、子囊菌门和担子菌门营养体、生殖方式及生活史特征。

6. 从禾柄锈病的生活史分析对该病害的防治方法。

实验十五　地衣与苔藓植物

一、实验目的和要求

1. 了解地衣植物的外部形态和内部结构特征。
2. 掌握苔藓植物的总体特征及各主要分类群的特征。
3. 认识苔藓植物各类群的主要代表植物。

二、实验材料

1. 地衣：文字衣属（*Graphis*）、梅花衣属（*Parmelia*）、茶渍衣属（*Lecanora*）、卷衣属（*Peltigera*）、石耳属（*Umbilicaria*）、石蕊属（*Cladonia*）、树花属（*Ramalina*）、松萝属（*Usnea*）。

2. 苔藓植物：

（1）苔类植物门（Marchantiophyta）：地钱属（*Marchantia*）、耳叶苔属（*Frullania*）。

（2）角苔植物门（Anthocerotophyta）：角苔属（*Anthoceros*）。

（3）藓类植物门（Bryophyta）：泥炭藓属（*Sphagnum*）；葫芦藓（*Funaria hygrometrica*）；金发藓属（*Polytrichum*）；小金发藓属（*Pogonatum*）。

三、实验内容

（一）地衣

1. 地衣的形态

观察 3 种形态的地衣标本：

（1）壳状地衣：地衣体全体紧贴于岩石或树皮等基物上，不易剥离，如文字衣属（*Graphis*）、茶渍衣属（*Lecanora*）等。

（2）叶状地衣：地衣体通过菌丝形成的假根或脐附着于基物上，易与基质分离，如梅花衣属（*Parmelia*）、卷衣属（*Peltigera*）、石耳（*Umbilicaria esculenta*）等。

（3）枝状地衣：地衣体呈直立或下垂的分枝状，仅基部附着在基物上，如直立的石蕊属（*Cladonia*）和树花属（*Ramalina*），悬垂于树上的松萝属（*Usnea*）等。

同时，注意观察地衣体上有无粉芽等营养繁殖结构或子囊盘等有性生殖结构。地衣表面若有粉芽，可刮取少许制作水藏玻片，在显微镜下观察。粉芽是由一小团菌丝围绕着少量的藻细胞组成，它散出后就可长成新植物体——地衣。粉芽是地衣常见的营养繁殖结构，另外珊瑚芽和小裂片也是常见的营养繁殖结构。子囊盘常裸露于地衣的背部或边缘。

2．地衣的内部结构

在显微镜下观察叶状地衣横切面玻片标本。异层地衣自上而下可分为：上皮层、藻（胞）层、髓层和下皮层（图 15-1）。上皮层和下皮层均由菌丝紧密交织而成，特称为假皮层。假根是由下皮层向外长出的菌丝束。藻（胞）层位于上皮层的下面，藻细胞较集中地排列于此，夹杂于排列疏松的菌丝之间。藻胞层和下皮层之间由比较疏松的菌丝和少量藻细胞构成，称为髓层。在同层地衣中，无藻胞层与髓层的分化，如胶衣属（*Collema*）。

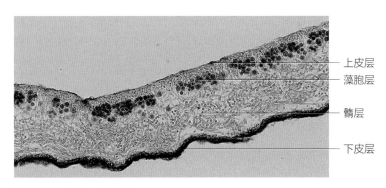

图 15-1　异层地衣横切面

3．地衣子囊盘

子囊盘是地衣中的子囊菌进行有性生殖的产物。在显微镜下观察具有子囊盘的地衣横切玻片标本：子囊盘生于地衣体表面，其子实层由子囊和隔丝相间排列而成，子囊棒状，内含子囊孢子，隔丝较子囊细长。

（二）苔藓植物

1．地钱属（*Marchantia*）

（1）叶状体：地钱配子体的营养体为叶状体（图 15-2）。

观察地钱叶状体生活标本或浸泡标本：叶状体二叉分枝，分枝前端的凹陷处有生长点。配子体有背腹之分，用手持放大镜对光观察或体视显微镜下观察叶状体背面可见许多菱形或多角形小区，是为每个气室的表面形态，每小区的中央有一白点即为其通气孔。叶状体背面常见胞芽杯，内藏有多数片状的胞芽，每个胞芽可萌发成新的配子体。用手持放大镜或置于体视显微镜下观察胞芽杯的外形，然后用镊子取出其中的胞芽，在体视显微镜下观察：胞芽呈凸透镜形，中央厚边缘薄，其左右两侧各有一凹陷处，这是生长点的位置，胞芽基部有一无色透明的短柄。

图 15-2　地钱
A. 叶状体（示胞芽杯）；B. 雄生殖托；C. 雌生殖托

　　叶状体的腹面（下面）有假根和 2 至多列紫色鳞片。用镊子夹取假根和鳞片在显微镜下观察。地钱的假根由单细胞构成，有两种类型的假根：简单假根的细胞壁平滑，舌状假根的细胞内壁向内形成凸起；鳞片由单层细胞构成，通过附器与叶状体相连。

　　取地钱叶状体横切面玻片标本在显微镜下观察叶状体的内部结构（图 15-3）：最上面一层是上表皮，有通气孔，通气孔是由多个细胞围成的烟囱状结构，在切面观则呈两个新月形结构，每侧新月形结构由 4～5 细胞组成。注意理解其立体结构特征。通气孔下为气室，气室内有排列疏松，富含叶绿体的细胞列，称为营养丝，气室之间有不含或含较少叶绿体的细胞形成的分隔，称为界限细胞。气室下面为多层排列紧密，较大型的薄壁细胞（贮藏组织）；贮藏组织的下面为下表皮，下表皮向外长出假根和鳞片。注意单细胞的假根在切面观为小圆形细胞，单层细胞的鳞片的切面观为单列细胞。

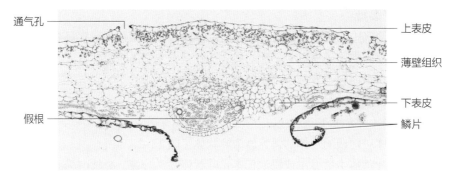

图 15-3　地钱叶状体横切面

　　（2）有性生殖器官：地钱为雌雄异株，有性生殖时分别在其雌株和雄株叶状体背面中肋上长出雌、雄生殖托，均呈伞形（图 15-2）。取具有性生殖器官的地钱生活标本或浸制标本观察：雄器托（雄生殖托）由细长的托柄和边缘波状浅裂的圆盘状托盘组成，托盘表面有许多小孔，每个小孔内生有一个精子器；雌器托也由托柄和托盘组成，其托盘呈放射状指状深裂（芒线），其芒线间的下方具一列倒悬的颈卵器（称为腹生，图15-4），每列颈卵器两侧各有一片薄膜遮盖，称为蒴苞。每个颈卵器外亦有鞘包裹，称假蒴苞。

取雌器托纵切面玻片标本在显微镜下观察。颈卵器倒悬于托盘下，每个颈卵器呈长颈瓶状，可分颈部和腹部。先选择较幼嫩的颈卵器观察：颈部外面具一层颈壁细胞，其内有一列颈沟细胞（5~6个细胞），腹部围以腹壁细胞，内有两个细胞，靠近颈部的细胞称为腹沟细胞，另一个位于腹部中央的为卵细胞。成熟的颈卵器内的颈沟细胞和腹沟细胞均已解体，仅余腹部中央的卵细胞。

■ 图片 15-1
地钱雌器托纵切面

取雄器托纵切面玻片标本在显微镜下观察。精子器埋生于托盘内部，呈椭圆形，外具一层不孕细胞组成的精子器壁，其内有许多精原细胞，由此产生许多精子。精子器基部有一短柄与雄器托的组织相连。

（3）孢子体观察：颈卵器内的卵受精成为合子，合子在母体内发育成胚，进一步发育成孢子体（图15-4）。用手持放大镜观察孢子体外形。取地钱孢子体纵切面玻片标本，在显微镜下观察孢子体的显微结构。孢子体可分为三部分：① 基足，埋于颈卵器基部的组织中；② 蒴柄较短，一端与基足相连，一端与孢蒴相连；③ 孢蒴球状，具一层细胞形成的蒴壁，其内充满孢子和单细胞弹丝，弹丝细胞壁具2~3条螺旋状加厚。

2. 耳叶苔属（*Frullania*）

拟茎叶体类型苔类。将耳叶苔标本腹面朝上置于载玻片上，作水藏玻片，在显微镜下观察（图15-5）：植物体左右对称，有背腹之分，具2列侧叶和1列腹叶。每一侧叶又2裂成背瓣和腹瓣，其中背瓣较大，腹瓣较小，呈盔状或耳状。腹叶位于茎的腹面，较侧叶小。叶无中肋。

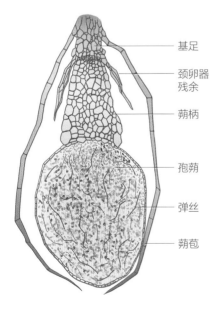

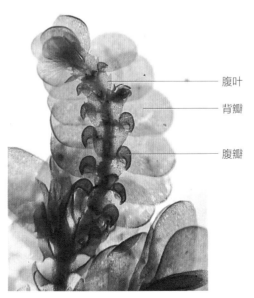

图 15-4　地钱的孢子体纵切面　　　　图 15-5　耳叶苔的腹面观（示侧叶和腹叶）

3．角苔属（*Anthoceros*）

（1）观察角苔配子体生活标本或浸制标本：配子体为不规则分裂的叶状体，呈莲座状，假根为单细胞。配子体背面有针状突起，为角苔孢子体的孢蒴。

（2）取角苔孢子体纵切面玻片标本在显微镜下观察：角苔孢子体分为孢蒴和基足两部分，基足埋于配子体内，无蒴柄。孢蒴具发达的蒴轴，其外为造孢组织包裹，造孢组织之外为多层细胞构成的蒴壁，蒴壁细胞含有叶绿体，最外一层细胞为表皮。造孢组织成熟分化出孢子和多细胞构成的假弹丝。孢子由上而下渐次成熟，上部的造孢组织先成熟，下部的后成熟。孢子体成熟时孢蒴由上而下裂成两瓣，孢子散出，蒴轴残存。

4．泥炭藓属（*Sphagnum*）

（1）观察泥炭藓配子体浸制标本或生活标本：泥炭藓配子体为拟茎叶体，茎丛生分枝，柔弱，叶片满布枝上。无假根。孢子体蒴柄极短，但有由配子体顶端延伸而成的假蒴柄。孢蒴球形，成熟时黑褐色，盖裂，无蒴齿。

（2）在显微镜下观察叶片构造（图 15-6）：叶片单层细胞，无中肋，由小型、狭长的绿色细胞和大型无色细胞构成，其中绿色细胞连成网状，无色细胞位于网眼中。无色细胞的细胞壁常有螺纹增厚和穿孔（水孔），因此泥炭藓叶片具有强大的吸水和保水能力。

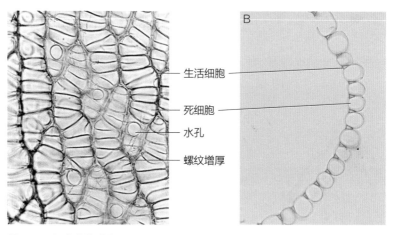

生活细胞

死细胞

水孔

螺纹增厚

图 15-6　泥炭藓的叶片
A. 表面观；B. 切面观

5．葫芦藓（*Funaria hygrometrica*）

（1）配子体的观察

配子体的形态：用放大镜观察葫芦藓植物体的外部形态。茎短小直立，基部有多数假根，叶丛生在茎的中上部，长舌形，叶具单中肋。整个植株不分枝，或由基部产生一、二小枝。在显微镜下观察假根的形态，注意假根为单列细胞分枝的丝状构造。

有性生殖器官：葫芦藓雌雄同株，但雌雄生殖器官分别生在不同的枝端（异枝），多个精子器着生于雄枝的顶端，多个颈卵器着生于雌枝的顶端。精子器及颈卵器的构造与地钱相似。在示范镜下观察精子器和颈卵器在茎顶的分布情况，并观察雄苞叶、雌苞叶以及隔丝等。

（2）孢子体的观察

孢子体的形态：取生活或浸制的葫芦藓标本，用手持放大镜观察葫芦藓的孢子体，经有性生殖后形成的孢子体仍着生于配子体的枝端，孢子体分为孢蒴、蒴柄和基足三部分（图15-7）。蒴柄细长，孢蒴梨形，不对称。孢蒴上有兜形的蒴帽，成熟时蒴帽脱落，可见孢蒴有碟形的蒴盖，中部为蒴壶，下为蒴台。用镊子压扁孢蒴，做水藏玻片，在显微镜下观察，可见脱出的蒴盖和张开的蒴齿，以及环带。蒴齿内外二层对生，外层橙至棕色，有横条纹，内层黄白色，较短。

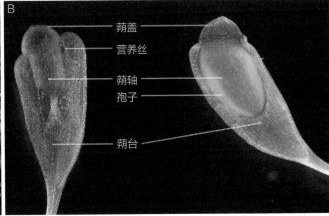

图15-7　**葫芦藓**
A. 植物体；B. 孢蒴纵剖面（左：未成熟，右：成熟）

孢蒴的内部结构：取孢蒴纵切玻片标本在显微镜下观察，先低倍后转高倍。近蒴盖下缘处，有几列具有外壁增厚的长形表皮细胞呈环状，称为环带细胞（在纵切面玻片标本中，在蒴盖下一般可看到3~4个表皮细胞组成的环带）。环带的内方，蒴盖之下有蒴齿层，蒴齿细胞外壁和横壁增厚。蒴壶的中轴是蒴轴，蒴轴外围有多数较细小的整齐细胞，是为造孢组织（或已形成孢子），其外有疏松的绿色同化组织（营养丝），其中有许多空隙，称为气室。最外围就是蒴壁。造孢组织产生孢子后，蒴壁以内至蒴轴间的空间全充满孢子，疏松的绿色同化组织已被挤压破坏。有的葫芦藓孢子体切面玻片标本中，由于纵向切片不够垂直，因此造成蒴轴切不完全而部分中断。

（3）原丝体的观察

孢子萌发形成原丝体（N），原丝体形似多细胞分枝的绿藻，上面长芽体，由芽体发育为配子体。原丝体也可以由配子体的假根产生，成为次生原丝体。在示范镜下观察原丝体的形态。

6. 金发藓属（*Polytrichum*）或小金发藓属（*Pogonatum*）

（1）配子体的形态：配子体为拟茎叶体，茎直立，基部生有假根，叶较硬挺，在茎上螺旋状排列。叶狭长披针形，叶片上方腹面着生多数绿色单层细胞的栉片，以增加光合作用的面积；叶具单中肋。作叶片横切徒手切片，或取叶片横切面玻片标本于显微镜下观察，可见其叶片上的栉片，横切面观呈梳齿状，金发藓不同物种栉片的数目、厚度以及顶细胞的形状都有不同，是鉴定物种的重要依据（图 15-8）。

（2）孢子体的形态：孢子体寄生配子体上，孢子体分为孢蒴、蒴柄和基足三部分。蒴柄坚挺细长，孢蒴上覆盖有蒴帽，蒴帽密被金黄色纤毛。蒴帽脱落后，露出蒴盖。蒴盖下为蒴齿，蒴齿较短，32 枚或 64 枚。

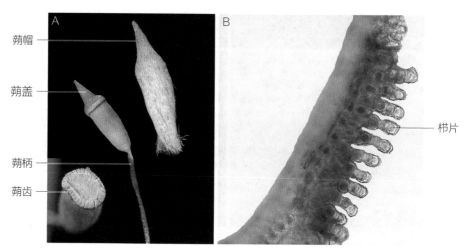

图 15-8　小金发藓
A. 孢蒴（蒴帽已脱出；左下小图为去掉蒴盖的孢蒴，示蒴齿）；B. 叶片横切面

四、作业

1. 绘地钱精子器和颈卵器结构。
2. 绘地钱叶状体切面观，示各部分结构。
3. 绘葫芦藓孢蒴纵切面模式图，示内部结构。
4. 列表比较地钱、角苔和葫芦藓配子体和孢子体的主要区别。

五、思考题

1. 为什么说地衣是一种特殊的原植体植物?
2. 苔藓植物有何特点? 为什么说它是植物从水生到陆生的过渡类型?

开放实验二 苔藓植物的观察、采集、检索及标本制作

一、实验目的和要求

1. 了解苔藓植物的总体特征及生态分布。
2. 掌握苔藓植物标本的采集及制作方法。
3. 认识一些常见苔藓，并初步掌握苔藓植物的鉴别方法。

二、实验工具

1. 采集用具：旧报纸制成的采集袋（12 cm×10 cm）或信封、塑料袋、塑料瓶、采集刀、镊子或夹子、小抄网、铅笔、采集记录本、标本袋、标签。
2. 观察仪器和工具：放大镜、体视显微镜、显微镜，剪刀、镊子、刀片、载玻片、盖玻片、解剖针、培养皿、吸管等。

三、实验内容

（一）野外观察

先认真观察苔藓植物在自然界的生活习性及环境，如生长基质（土面、石面、树干、叶面或水中等）、周围植物特征等，再进一步借助放大镜等工具仔细观察配子体和孢子体的形态、生长方式、叶的排列、颜色及光泽等，大致判断所属纲、科或属，并作好记录。不同类群的苔藓植物在外观上表现出不同的特征，如叶状体的类型多为苔类和角苔类的植物；而对于拟茎叶体的类型，如果植物体柔弱，两侧对称且叶无中肋则多为苔类，如果植物体较粗壮，辐射对称或两侧对称，叶有中肋，则多为藓类。

（二）标本采集

苔藓植物的采集有两点需要注意，一是它们的生态分布和生活型，二是它们的生长季节和生活史的发育各期。需根据所研究的类群选择合适的调查点和调查时间，以更全面地采到所需的标本。采集标本的基本原则是尽量保持植物的完整性，还要尽量采集到配子体和寄生其上的孢子体，这对准确鉴定具有重要意义。

标本采集时，需根据苔藓植物的生长型及生长基质上，选择合适的工具及方法进行采集，下面简要介绍几种采集方法，工作中可以根据实际情况灵活运用。

1．土生藓类的采集

生长于土壤上的苔藓植物种类很多，如金发藓科、丛藓科、真藓科、葫芦藓科、凤尾藓科、白发藓科、地钱科、叶苔科的多数种类均生于土面。对于生长于松软土壤上的苔藓植物，可直接用手采集，较硬土壤上生长的种类，可用采集刀连同一层土铲起，然后小心去掉泥土，再将标本装入采集袋中。

2．石生和树生苔藓植物的采集

对于固着生长于石面的苔藓植物可用采集刀刮取，如泽藓、小型的凤尾藓、紫萼藓等，而对于体型较大的成丛生长或匍匐生长的苔藓植物，如曲柄藓、绢藓等，也可以根据实际情况用手直接采集。对于生长在树皮上的植物，可用采集刀连同一部分树皮剥下。生于小树枝或树叶上的苔藓植物，则可连同枝条或叶片一同装入采集袋中，如森林中的扁枝藓、木衣藓、白齿藓，平藓和许多苔类等。

3．水生苔藓的采集

对于生在水中或沼泽中的苔藓植物，可用镊子或夹子采取，亦可用手直接采集，如水藓、薄网藓、柳叶藓、泥炭藓等。将采集到的植物标本装入塑料瓶中，也可将水甩去或晾一会儿，装入采集袋或塑料袋中。对于漂浮于水面的苔藓植物如浮苔，叉钱苔，可用纱布或尼龙纱制作的小抄网捞取，然后将标本装入瓶中。

对于所采集的标本，必须详细记录其生境、生活型、颜色、植物群落。若是树生种类，还要记录树木的名称等，并进行标本编号。

（三）室内观察及检索

1．室内观察

标本鉴定观察前需先对标本进行整理和清洁，去除杂质和泥土，然后根据苔藓植物的类型选择合适的观察和操作方法。

（1）叶状体苔类：用体视显微镜观察其气孔、气室、鳞片和生殖器官等特征，然后作徒手切片在显微镜下观察叶状体的内部结构。

（2）拟茎叶体植物：取一段植物体置于载玻片上，加一滴清水，用镊子从枝端向基部的方向轻刮，尽量使刮下的叶片完整。最后加盖玻片，于显微镜下观察叶形和细胞结构。刮去叶片的茎可用刀片做徒手切片，观察其横切面结构，如是否有中轴分化等。

（3）观察藓类植物叶细胞的疣和乳头时，最好从叶缘或折叠的边缘处观察。在材料上加一滴 10% 的乳酸溶液将使观察对象更为清楚。通过调节显微镜的微调焦旋钮，区分疣和乳头与叶绿体。

（4）对于孢子体，除外形上观察外，应根据需要在体视显微镜或显微镜下观察其内部结构及蒴齿等结构特征。

2．检索

使用《中国苔藓志》、《中国藓类植物属志》或相应地区的苔藓植物志等进行检索。

（四）标本的制作及保存

　　苔藓植物体较小，易干燥，不易发霉腐烂，颜色也能保持较久，其标本的制作和保存简单，一般采用直接晾干入袋保存的方法：先将标本放在通风处晾干，尽量去掉所带泥土，然后将标本装入用牛皮纸折叠的纸袋中，就可入柜长期保存。注意在标签上填好名称，产地、生境、采集时间，采集人等，名称未鉴定出来可先空着，其他各项则需及时填好，统一编上号码，但要注上采集号以便查对。这种方法保存的标本占地少，简便，观察时也很方便，只要在观察前将标本浸泡入清水中几分钟至十几分钟，标本就可恢复原形原色。

实验十六　蕨类植物

一、实验目的和要求

认识蕨类植物石松纲 3 个目及水龙骨纲 4 个亚纲的主要特征以它们之间的区别。

二、实验材料

1. 石松纲（Lycopodiopsida）:（1）石松目（Lycopodiales），如垂穗石松（*Palhinhaea cernua*）;（2）水韭目（Isoetales），如水韭属（*Isoetes*）;（3）卷柏目（Selaginellales），如深绿卷柏（*Selaginella doederleinii*）。

2. 水龙骨纲（Polypodiopsida）:（1）木贼亚纲（Equisetidae），如木贼属（*Equisetum*）;（2）瓶尔小草亚纲（Ophioglossidae），如松叶蕨（*Psilotum nudum*）、瓶尔小草属（*Ophioglossum*）;（3）合囊蕨亚纲（Marattiidae），如福建莲座蕨（*Angiopteris fokiensis*）;（4）水龙骨亚纲（Polypodiidae），如华南羽节紫萁（*Plenasium vachellii*）、芒萁（*Dicranopteris pedata*）、海金沙属（*Lygodium*）、槐叶蘋（*Salvinia natans*）、满江红属（*Azolla*）、金毛狗（*Cibotium barometz*）、乌蕨（*Odontosoria chinensis*）、华南毛蕨（*Cyclosorus parasiticus*）、蜈蚣草（*Pteris vittata*）、假鞭叶铁线蕨（*Adiantum malesianum*）、蕨（*Pteridium aquilinum* var. *latiusculum*）、巢蕨（*Asplenium nidus*）、乌毛蕨（*Blechnum orientale*）、星蕨（*Microsorum punctatum*）等。

三、实验内容

（一）石松纲

1. 垂穗石松（*Palhinhaea cernua*）

（1）观察生活植物：孢子体为草本，茎有匍匐茎和直立茎之分，匍匐茎平卧，二叉分枝。根为不定根，二叉分枝。叶小，钻形至线形，仅具 1 中肋，无叶柄。主茎上的叶螺旋状排列，稀疏，侧枝及小枝上的叶螺旋状密集排列。孢子叶

图片 16-1 垂穗石松

球（或称孢子叶穗）无柄，单独着生于枝顶，圆柱形或卵形，成熟时黄色。孢子同型，孢子囊生于孢子叶叶腋，肾形，由一裂口横裂。

（2）取石松属孢子叶球纵切玻片观察：中轴称孢子叶穗轴，轴上着生孢子叶，孢子囊具短柄，着生在孢子叶叶腋内，在孢子囊内的孢子母细胞经减数分裂后形成四分孢子。孢子同型。

2．水韭属（*Isoetes*）

参见"文本 16-1 水韭"观察。

■ 文本 16-1
水韭

3．深绿卷柏（*Selaginella doederleinii*）

（1）观察生活植物（图 16-1）：孢子体为草本，茎纤细，基部横卧，上部近直立，具背腹性，二叉分枝，分枝处常生出根托，根托先端常具不定根。叶异形，营养叶成四纵列，排列于同一平面上，枝条左右两侧的叶较大，称侧叶，生于茎的近轴面的 2 行叶较小，称为中叶，叶舌通常在叶成熟时脱落。孢子叶球着生于枝端，孢子叶在穗轴上密集螺旋排列，明显成为四纵列，故孢子叶球呈方柱状。孢子叶球两性，即大、小孢子叶生于同一孢子叶球上，大、小孢子叶相间排列，或大孢子叶分布于下侧。

（2）取卷柏属孢子叶球纵切玻片观察：孢子叶穗轴上着生孢子叶，每个孢子叶的基部近轴面有一叶舌。孢子囊具短柄，生于穗轴和叶舌之间。由于孢子叶分别着生有大、小孢子囊，故分别称为大孢子叶和小孢子叶。注意区分大孢子囊和小孢子囊的形态及孢子囊中大、小孢子的大小和数量。

图 16-1 **深绿卷柏**
A. 植株；B. 根托；C. 枝条顶端的孢子叶球；D. 枝条局部（a. 侧叶，b. 中叶）；E. 孢子叶球局部；
F. 大孢子叶腹面观；G. 大孢子囊

（二）水龙骨纲

1. 木贼亚纲

木贼属（*Equisetum*）：孢子体为多年生草本，具地下根状茎及地上直立茎，有明显的节和节间（图 16-2）。茎的表皮细胞壁强烈硅质化，节间中空，外表有纵走的纵肋和槽相间。地上茎常分枝，在节上轮生。叶鳞片状，轮生，基部合生成筒状叶鞘，上部呈齿状（鞘齿），包围在茎节部。孢子叶球生于茎的顶端。

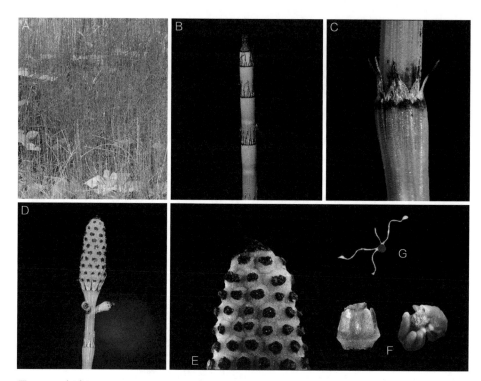

图 16-2　**木贼属**

A. 植株；B. 地上茎，示节及节间；C. 节上的叶；D. 孢子叶球；E. 孢子叶球局部；F. 1 枚孢子叶（孢囊柄）及孢子囊；G. 孢子及 4 条开展的带状弹丝

观察孢子叶球的形态结构，首先用放大镜观察孢子叶球的外形，然后镊取一个孢子叶，在体视显微镜下观察。孢子叶又称孢囊柄，盾形，分为盘状体和柄两部分，盘状体六角形，沿盘状体的边缘悬挂着 5～9 个孢子囊，孢子囊纵裂。用解剖针刺破孢子囊，挑取少量孢子，放在无水的载玻片上，在显微镜下观察孢子的外形和松开的弹丝，然后加 1-2 滴水在孢子上，加上盖玻片，可见到孢子遇水后四条带状弹丝把孢子捆紧。亦可对着无水玻片上的孢子轻轻哈一口气，可见孢子遇水汽后弹丝抱拢包住孢子，继续观察可见随着水汽散失，弹丝再度松开。

2. 瓶尔小草亚纲（图 16-3）

（1）松叶蕨（*Psilotum nudum*）：具匍匐根状茎和地上茎，根状茎上有毛状的假根。地上茎直立或下垂，多回等二叉分枝。叶退化为突起，二型，不育叶鳞片状，孢子叶二叉形。孢子囊常 3 个连成聚囊生于孢子叶的叶腋。

图 16-3 松叶蕨和瓶尔小草
A. 松叶蕨植株；B. 松叶蕨地上茎局部，示营养叶（突起）；C. 瓶尔小草植株；D. 瓶尔小草的孢子囊穗

（2）瓶尔小草属（*Ophioglossum*）：根状茎短而直立，根肉质，多数，细长，不分枝。叶自根状茎抽出。总叶柄长，绿色，营养叶卵状长圆形，具网状脉。孢子囊穗自总叶柄顶端生出，高于营养叶，孢子囊下陷，沿囊托两侧排列。注意孢子囊穗与孢子叶穗概念的区别。

3. 合囊蕨亚纲

福建莲座蕨（*Angiopteris fokiensis*）（图 16-4）：大型陆生草本，根状茎肥大，肉质圆球形，连同宿存的叶基、托叶形成硕大的莲座状。叶大，二回羽状，叶柄粗壮，基部有 1 对宿存的托叶。末回小羽片披针形；叶脉分离，单一或二叉；孢子囊厚囊性发育，孢子囊群线形，排列于小羽片中脉两侧，靠近叶缘。

4. 水龙骨亚纲

（1）华南羽节紫萁（*Plenasium vachellii*）（图 16-5）：植株可高达 2 m，根状茎直立，粗壮，常形成树干状的主轴，残留有叶柄和不定根。叶为一回羽状，羽片二型；营养羽片披针形，叶脉分离，单一或二叉；能育羽片紧缩为线形，无叶绿素。取能育羽片在体视显微镜下观察：孢子囊大，圆球状，裸露，着生在能育羽片的边缘；孢子囊的顶端具若干增厚的细胞，成熟时纵裂为两瓣。

（2）芒萁（*Dicranopteris pedata*）：根状茎横走，密被锈色长毛。叶远生，叶轴一至二（三）回假二叉分枝；各回分叉处两侧均有一对托叶状的羽片；末回羽片篦齿状深裂几达羽轴，线状披针形。孢子囊群圆形，排成一列，着生于基部上侧或上下两侧小脉的弯弓处。

⊞ 图片 16-2
芒萁

图 16-4　福建莲座蕨
A. 植株；B. 羽片；C. 末回羽片背面观，示孢子囊群着生；D. 孢子囊群；E. 孢子

图 16-5　华南羽节紫萁
A. 植株；B. 营养羽片背面观，示分离的单一或二叉叶脉；C. 能育羽片；D. 孢子囊群；E. 孢子囊

（3）小叶海金沙（*Lygodium microphyllum*）（图 16-6）：攀援植物。叶轴为无限生长，细长，缠绕攀援，常高达数米，沿叶轴相隔一定距离有向左右方互生的短枝。羽片一回羽状，近二型；不育羽片通常生于叶轴下部，能育羽片位于上部。能育小羽片边缘生有流苏状的孢子囊穗，由两行并生的孢子囊组成，孢子囊生于小脉顶端，并被由叶边外长出来的一个反折小瓣包裹，形如囊群盖。

图 16-6　小叶海金沙
A. 植株；B. 能育羽片；C. 孢子囊穗；D. 孢子囊，示顶生环带；E. 孢子

（4）槐叶蘋（*Salvinia natans*）：取槐叶蘋孢子果切片玻片观察（图 16-7），可看到孢子果壁有两层，是由囊群盖发育而来的。大孢子果体形较小，内生 8～10 个有短柄的大孢子囊，每个大孢子囊内只有一个大孢子；小孢子果体形大，内生多数有长柄的小孢子囊，每个小孢子囊内有 64 个小孢子。

（5）满江红属（*Azolla*）：小型漂浮水生蕨类，根状茎细弱，具明显横走或直立的主干，向水下生出须根，横卧漂浮于水面。叶密生茎上成两列，互生，覆瓦状排列。叶通常深裂为背、腹两片，上裂片又称背裂叶，浮在水面，绿色（秋后变红色），下表面隆起，近叶基形成空腔，腔内含有鱼腥藻（*Anabaena azollae*）；腹裂片沉水，膜质如鳞片，主要起浮载作用。孢子果有大、小两种，双生于分枝基部的沉水裂片上。大孢子果小，长卵形，生于小孢子果下面；小孢子果大，球形，具长柄。

　　分别选取美国红萍（*Azolla filiculoides*）的大孢子果纵切及满江红（*A. pinnata* subsp. *asiatica*）小孢子果纵切面玻片标本观察，注意：大孢子果内只有 1 个大孢

■ 图片 16-3
满江红属

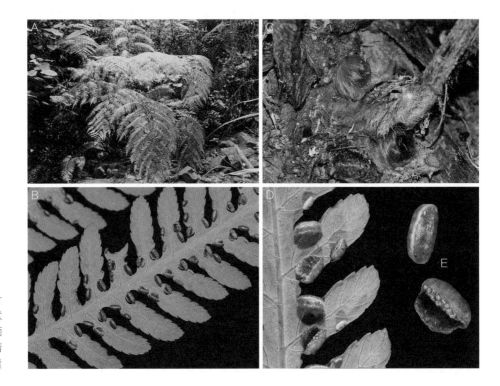

图 16-7　**槐叶蘋**
A. 大孢子果和小孢子果；B. 小孢子果局部放大，示孢子囊结构

子囊和 1 个发育的大孢子；而小孢子果内具有多数小孢子囊；每个小孢子囊含有
64 个小孢子。成熟以后的小孢子囊内产生 5～8 个泡胶块，泡胶块表面伸出钩状突
起，称为钩毛，每个泡胶块包埋有数个小孢子。大、小孢子均为圆形，具 3 裂缝。

（6）金毛狗（*Cibotium barometz*）（图 16-8）：根状茎粗壮，密被柔软锈黄色
长毛茸，形如金毛狗头。叶片大，多回羽状分裂，末回裂片线形，叶脉分离。孢
子囊群着生叶边，顶生于小脉上，囊群盖两瓣状，革质，分内外两瓣，形如蚌壳。

图 16-8　**金毛狗**
A. 植株；B. 羽片
背面观；C. 根状
茎；D. 羽片背面
观，示孢子囊的着
生位置；E. 孢子囊

（7）乌蕨（*Odontosoria chinensis*）：根状茎短而横走，粗壮，密被赤褐色的钻状鳞毛（又称为毛状原始鳞片，下部为鳞片状，向上变为长针毛状）。叶 3～4 回羽状。孢子囊群边缘着生，每裂片上一枚或二枚，顶生 1～2 条细脉上；囊群盖半杯形，与叶缘等长，向叶缘开口。

➕ 图片 16-4
乌蕨

（8）华南毛蕨（*Cyclosorus parasiticus*）（图 16-9）：多年生草本植物，根状茎地下横走，被黑褐色、披针形全缘的鳞片。用镊子取一两片鳞片作水藏玻片在显微镜下观察，可见细胞壁薄，细胞腔较大，为密筛孔鳞片。在根状茎上着生不定根。叶为一回羽状复叶，椭圆状披针形，叶轴细长，被短毛；叶脉羽状，侧脉对生，每羽片有 6～8 对，最下面的一对联结，脉上有橙红色腺体。孢子囊群圆形，聚生在羽片背面侧脉中部以上。先用手持放大镜或在解剖镜下观察孢子囊群：外面有小的薄膜质圆肾形的囊群盖，上面密生柔毛，常宿存。用镊子取两三个孢子囊群放在载玻片的水滴中，用解剖针分散孢子囊，作水藏玻片在显微镜下观察：孢子囊壁为单层细胞，囊壁上有一列纵行的内切向壁和径向壁三面增厚，而外切向壁保持薄壁的细胞，构成环带。环带细胞只有水湿运动功能，可帮助孢子囊开裂。孢子囊柄与环带之间的数个薄壁细胞是裂口带，其中两个形状略扁的细胞是唇细胞。孢子囊内有多数孢子。为了观察孢子囊开裂，可用吸水纸吸去水藏玻片盖玻片边缘的水分，再从盖玻片的边缘加 1～2 滴浓甘油（为了吸水和透明），立刻在显微镜下观察，由于失水干燥，环带细胞径向的厚壁相互靠拢，因而向外伸展和卷曲，最后孢子囊从裂口带细胞胞壁连接最薄弱的唇细胞处裂开。注意观察孢子是同型或异型，是四面型或两面型。

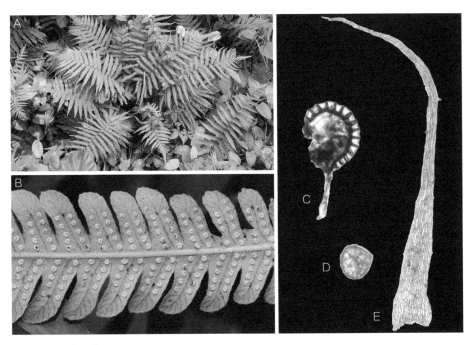

图 16-9　华南毛蕨
A. 植株；B. 羽片背面观，示孢子囊群；C. 孢子囊；D. 孢子；E. 鳞片

取华南毛蕨叶片横切玻片标本观察孢子囊群结构：叶表面突起形成囊托，孢子囊具柄，集生于囊托上。注意孢子囊的成熟有无规律，囊群盖覆盖在孢子囊群的外面，如何理解切面观与表面观的囊群盖和囊托的形态？

✦ 图片 16-5
凤尾蕨科

（9）凤尾蕨科（Pteridaceae）：观察凤尾蕨属蜈蚣草（*Pteris vittata*）及铁线蕨属假鞭叶铁线蕨（*Adiantum malesianum*）的生活标本。

蜈蚣草：根状茎直立，短粗，密被黄褐色鳞片；叶簇生，柄坚硬，一回羽状，羽片狭线形；孢子囊群线形，沿叶缘连续延伸，囊群盖为反卷的膜质叶缘形成。

假鞭叶铁线蕨：根状茎短而直立，密被棕色鳞片；叶簇生，叶片一回羽状，中部的侧生羽片半开式，基部的羽片团扇状，叶脉多回二歧分叉；叶轴先端往往延长成鞭状，落地生根，行营养繁殖；孢子囊群着生在叶片或羽片顶部边缘的叶脉上，囊群盖由反折的叶缘覆盖形成，圆肾形，分离。

✦ 图片 16-6
蕨配子体

（10）蕨（*Pteridium aquilinum* var. *latiusculum*）：取蕨配子体的玻片标本观察。配子体（原叶体）心形，薄片状，顶端中部凹陷，腹面生有许多假根。假根之间有球状精子器。颈卵器生在腹面靠近前端的凹陷处，颈卵器的腹部埋在原叶体中，颈部伸出原叶体表面。

▣ 文本 16-2
巢蕨、乌毛蕨和
星蕨

另，观察巢蕨（*Asplenium nidus*）、乌毛蕨（*Blechnum orientale*）和星蕨（*Microsorum punctatum*）。

四、作业

1. 绘华南毛蕨或蜈蚣草的一个孢子囊，示环带、裂口带、唇细胞、孢子囊柄和孢子等。

2. 把课堂提供的蕨类植物材料的观察结果填入下表中。

物种	环带的位置	孢子囊群位置	脉序	毛、鳞片的类型
华南羽节紫萁				
芒萁				
小叶海金沙				
金毛狗				
乌蕨				
华南毛蕨				
蜈蚣草				
⋮				

五、思考题

1．比较石松属和卷柏属的特征，试讨论它们在系统演化上的意义。

2．以华南毛蕨或蕨属为例说明蕨类植物的特征，并指出蕨类植物与苔藓植物的异同之处。

3．以孢子囊着生方式、孢子囊有无环带、孢子同型或异型、生境及代表植物等方面，说明蕨类植物各主要类群的区别要点。

4．根据实验材料分析槐叶蘋目和水龙骨纲其他类群的主要区别。

实验十七　裸子植物

一、实验目的和要求

1. 认识裸子植物四个纲的结构特点及其共同特征。
2. 了解苏铁纲、银杏纲的雌雄配子体发育在裸子植物中的原始性。
3. 掌握松柏纲几个主要科植物在营养器官、雌雄球果及种子结构上的特点及差异。
4. 了解买麻藤纲营养器官、雌雄生殖器官的构造及其生殖过程的特殊性。

二、实验材料

1. 苏铁纲（Cycadopsida）：苏铁（*Cycas revoluta*）。
2. 银杏纲（Ginkgopsida）：银杏（*Ginkgo biloba*）。
3. 买麻藤纲（Gnetopsida）：（1）麻黄科，如麻黄属（*Ephedra*）；（2）买麻藤科，如小叶买麻藤（*Gnetum parvifolium*）。
4. 松柏纲（Coniferae）：（1）松科，如马尾松（*Pinus massoniana*）；（2）柏科，如杉木（*Cunninghamia lanceolata*）、侧柏（*Platycladus orientalis*）、圆柏（*Juniperus chinensis*）；（3）南洋杉科，如柱状南洋杉（*Araucaria columnaris*）；（4）罗汉松科，如短叶罗汉松（*Podocarpus chinensis*）、竹柏（*Nageia nagi*）；（5）红豆杉科，如南方红豆杉（*Taxus wallichiana* var. *mairei*）。

三、实验内容

（一）苏铁纲
苏铁（*Cycas revoluta*）

（1）观察生活植物（图17–1A）：树干圆柱形，直立粗壮，密被鳞叶及宿存的木质叶基。叶有鳞叶与营养叶两种；鳞叶小，褐色；营养叶大，羽状深裂，革质，集生于树干顶部，脱落时通常叶柄基部宿存；小叶幼时向羽轴拳卷。

（2）孢子叶球观察：雌雄异株，大、小孢子叶球均着生于茎顶，在它们成熟后，顶芽继续发育，可见到顶芽从大孢子叶球的中央穿出。

小孢子叶球：小孢子叶球长圆柱形，球果状，小孢子叶多数，螺旋状紧密地排列在轴上。取出一枚小孢子叶用手持放大镜进行观察，可见背面生有许多卵球形的小孢子囊，3～5 个小孢子囊形成聚囊（图 17-1F）。小孢子囊内有许多小孢子（花粉粒）。用镊子摄取少量花粉粒作水藏玻片，在显微镜下观察，可见单核花粉粒两侧对称，具一条纵长的深沟。

大孢子叶球：大孢子叶丛生于茎顶端，由多数螺旋状排列的大孢子叶组成（图 17-1B）。取一枚大孢子叶进行观察，可见其密被浅黄色绒毛，上部羽状分裂，下部柄状，柄上端两侧着生 2～8 个具绒毛的胚珠（图 17-1C）。观察苏铁胚珠纵切面玻片标本，可见胚珠外面有一层厚的珠被包围珠心（大孢子囊）。珠被上半部与珠心分离，并在顶端形成珠孔，珠孔的下方为花粉室。珠心内，大孢子发育形成胚乳（雌配子体的一部分），占据了珠心的大部分，在胚乳的上部排列着多个颈卵器。颈卵器由 4 个颈细胞（剖面可见 2 个）、1 个腹沟细胞（迅速消失）及 1 个极大的卵细胞组成。

种子（图 17-1D, E）：种子红褐色或橘红色，卵圆形，稍扁，密生灰黄色短绒毛，后渐脱落。用刀片纵剖种子，可见种皮由三层组成，外层肉质，中层骨质（白色），内层薄膜状（褐色）。内外种皮皆有维管束通过。种皮包围的白色部分是胚乳。胚大，埋于胚乳中，子叶 2 枚。

图 17-1 **苏铁**
A. 雌株；B. 大孢子叶球；C. 大孢子叶及胚珠；D. 大孢子叶及种子；E. 种子纵切；F. 小孢子叶背面观

（二）银杏纲

银杏（*Ginkgo biloba*）

（1）观察银杏植株和腊叶标本：银杏为落叶乔木，枝条有长枝和短枝之分；叶为单叶，扇形，有长柄，顶端二裂或为波状缺刻，具多数叉状脉，叶在长枝上互生，在短枝上簇生。

（2）孢子叶球观察（图17-2）：雌雄异株，雄球花、雌球花均着生于短枝顶端。

小孢子叶球：观察雄球花标本，雄球花由多数螺旋状着生的雄蕊（小孢子叶）组成，呈柔黄花序状。用镊子取一枚小孢子叶用放大镜观察，可看到每个小孢子叶有一短柄，柄端常具2个长形的花粉囊。观察"银杏雄球果纵切"玻片。

大孢子叶球：观察雌球花标本，雌球花（大孢子叶球）具长柄，顶端常分二叉，每叉顶生一环状珠领（大孢子叶），胚珠着生其上，通常仅一个胚珠发育成种子。

（3）种子：种子核果状，用刀片纵切种子，可见种皮分为3层：外层肉质，熟时黄色；中层白色，骨质；内层近珠孔端上半部红褐色膜质，近合点端下半部为灰褐色，有维管束通过。种皮内为胚乳及胚，胚乳丰富，胚小，具2枚子叶，胚根粗短，指向珠孔。商品"白果"已除去外种皮，主要食用部分是胚乳。

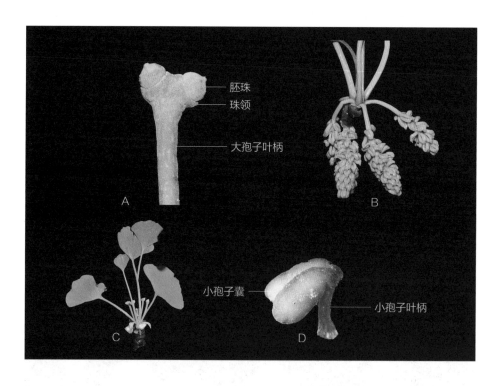

图 17-2　**银杏**
A. 大孢子叶球；
B. 小孢子叶球；
C. 短枝顶端簇生
的叶及大孢子叶
球；D. 小孢子叶

（三）买麻藤纲

1. 麻黄科

麻黄属（*Ephedra*）

（1）植物体观察：观察麻黄属植物的腊叶标本。灌木，多分枝，茎有明显的节和节间；叶对生或轮生；退化成鳞片状，基部合生成鞘状。

（2）孢子叶球序：雌雄异株。

观察麻黄的小孢子叶球序纵切标本：小孢子叶球序具 2～8 对交叉对生的苞片，每片生一小孢子叶球，小孢子叶球具 2 片盖被，2～8 个小孢子囊，小孢子长圆形。

✿ 图片 17-2
麻黄

观察麻黄的大孢子叶球序纵切标本：大孢子叶球序具 2～8 对交叉对生的苞片，仅顶端的苞片可育，生有 1～3 个胚珠；每个胚珠由一个肥厚肉质的囊状盖被（外珠被）包围；珠被顶端延伸成珠孔管；珠被内为珠心。最上方一对可育苞片增大，包围胚珠。种子成熟后苞片增厚成肉质，红色或橘色，盖被发育成木质或革质的假种皮。

2．买麻藤科

小叶买麻藤（*Gnetum parvifolia*）

（1）孢子体：大型木质藤本，茎具膨大的节。叶对生，革质，具椭圆形的叶片及羽状网脉（图 17-3A）。

图 17-3　**小叶买麻藤**
A. 雌株；B. 大孢子球总序；C. 种子（左侧显示假种皮已去除）；D. 小孢子叶球；E. 种子纵剖，示胚及胚乳（假种皮已去除）；F. 大孢子叶球总序局部；G. 胚珠纵切

（2）孢子叶球总序：雌雄异株。

观察小叶买麻藤雄花序（小孢子叶球总序）活体及纵切标本：长约2 cm，具5～10轮环状总苞，呈宝塔状；每轮总苞内具多数轮生的雄花（小孢子叶球），每个小孢子叶球外有棱状管形的盖被；小孢子叶伸出盖被，具1～4个小孢子囊，囊内有许多球形的小孢子（图17-3D）；小孢子叶球总序上部常具多数不育的雌花（大孢子叶球），不育胚珠呈扁宽三角形。

观察小叶买麻藤雌花序（大孢子叶球总序）活体及纵切标本：细长，具5～20轮环状总苞（图17-3B）；每轮总苞有雌花（大孢子叶球）4～12，轮生；每个大孢子叶球外有2层盖被，外盖被极厚，内盖被（又称外珠被）稍薄，其内的珠被顶端延长成珠孔管，先端深裂（图17-3F）；珠心卵形。

（3）种子：种子核果状，长椭圆形，包于红色或桔红色肉质假种皮中，胚乳丰富（图17-3C, G）。

（四）松柏纲

1. 松科

马尾松（*Pinus massoniana*）

（1）孢子体：乔木，树皮红褐色，裂成不规则块状鳞片。枝条有长枝和短枝之分。长枝伸长，着生有螺旋状排列、呈赤褐色的鳞片叶；在鳞片叶的叶腋内着生有短枝。短枝顶端生有2枚针叶，长10～20 cm；针叶基部有8～12枚鳞片叶组成的灰黑色宿存叶鞘。

（2）大、小孢子叶球（图17-4）：雌雄同株。

小孢子叶球（雄球花）：雄球花多个聚生于当年生枝基部的鳞片叶腋内。取雄球花进行观察，可见小孢子叶多数，螺旋状排列在中轴上。用镊子取下一枚小孢子叶，用放大镜进行观察，可见短的小孢子叶柄和向上弯曲的鳞片状药隔；背面有两个花粉囊（小孢子囊）；囊内有多数花粉粒（小孢子）。花粉粒椭圆形，两侧有由外壁形成的气囊。一个成熟的花粉粒（雄配子体）具有4个细胞：2个退化的营养细胞（近于萎缩，通常只能见到2条横的窄条），其下方为1个生殖细胞（常呈菱形或半月形），再下为1个体积较大的管细胞。

雌球花（大孢子叶球）和胚珠：雌球花1或数个着生于当年生枝的近顶端，由多数螺旋状排列在球果轴上的珠鳞及苞鳞组成。取一年生的雌球花进行观察，用镊子剥下1枚珠鳞，可见珠鳞肥厚，其裸露部分增厚成鳞盾，鳞盾中部隆起为鳞脐。用放大镜观察珠鳞背面（远轴面），可见薄膜状的苞鳞，苞鳞与珠鳞大部分分离；珠鳞腹面（近轴面）的基部有2枚倒生的胚珠。再观察第二年生雌球果，可见珠鳞已显著增大并木质化，珠鳞腹面的胚珠较大，并可观察到正在形成的种翅。取成熟的球果观察，种鳞已张开，褐色，种子已散出，种子上部具长翅。

（3）在显微镜下观察松雌球果不同生长时间纵切玻片，并寻找以下几个时期：①大孢子母细胞；②链状四分体期；③雌配子体的自由核时期；④雌配子体上方的颈卵器。

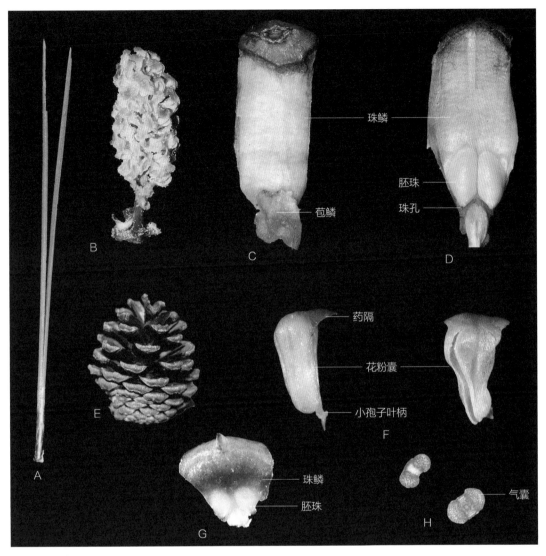

图 17-4　马尾松
A. 针叶；B. 小孢子叶球局部；C. 二年生球果珠鳞背面观；D. 二年生球果珠鳞腹面观；E. 成熟的球果；F. 小孢子叶侧面观（左）及背面观（右）；G. 一年生球果珠鳞腹面观；H. 小孢子（花粉粒）

2．柏科 Cupressaceae

（1）杉木（*Cunninghamia lanceolata*）（图 17-5）：叶螺旋状着生，条状披针形，在侧枝上叶基扭转排列成二列状，叶背沿中脉两侧各有 1 条明显的白色气孔带。雌雄同株；雄球花多数簇生枝顶，每小孢子叶具 3 个小孢子囊；雌球花单生或 2～3 个集生枝顶，近球形，苞鳞大，革质，珠鳞小，生于苞鳞腹面下部，与苞鳞合生，仅上部分离。能育珠鳞有种子 3 粒，种子扁平，两侧有窄翅。

（2）侧柏（*Platycladus orientalis*）：生鳞叶的小枝直展或斜展，排成一平面。叶鳞片状，交叉对生，排成四列。雌雄同株，球花（孢子叶球）单生于小枝顶端；雄球花有 6 对交叉对生的小孢子叶，每个小孢子叶具小孢子囊 2～4；雌球

✦ 图片 17-4
侧柏

图 17-5　杉木
A. 枝条局部；B. 球果；C. 叶片背面观，示白色气孔带；D. 苞鳞腹面观；E. 苞鳞腹面观（种子已去除，示珠鳞）

花球形，有 4 对交叉对生的珠鳞，仅中间 2 对珠鳞各生 1～2 枚直立胚珠。球果当年成熟，熟时开裂；种鳞 4 对，木质，近扁平，背部顶端的下方有一弯曲的钩状尖头；种子无翅，稍有棱脊。

■ 文本 17-1
圆柏

另，观察圆柏（*Juniperus chinensis*）的形态结构。

3. 南洋杉科

柱状南洋杉（*Araucaria columnaris*）：树皮粗糙，呈片状脱落。枝条短而多数，水平，排成轮状；侧生小枝常排成 2 列，下垂。叶披针状卵形至三角形，均顶端内弯。雄球花单生枝顶，圆柱状，下垂。雌球花椭球体，直立，生于上部的枝条；苞鳞肥厚，边缘具锐脊，先端具扁平的三角状尖头；种鳞不发达，舌状；种子 1 枚。

4. 罗汉松科

✳ 图片 17-5
短叶罗汉松

短叶罗汉松（*Podocarpus chinensis*）：小乔木。叶密生，螺旋状排列，条状披针形。雌雄异株。雄球花（小孢子叶球）穗状，簇生叶腋，每小孢子叶具 2 个小孢子囊，小孢子具 2 个气囊。雌球花（大孢子叶球）不形成球果，单生叶腋或枝顶，有苞片数枚，通常下部的苞片腋内无胚珠，仅顶端 1 枚苞片着生 1 枚由套被（大孢子叶）包裹的倒生胚珠，套被与珠被合生，花后套被增厚成肉质的假种皮，下部的苞片与轴愈合发育成肥厚的肉质种托。种子当年成熟，核果状，假种皮紫黑色。

另，观察竹柏（*Nageia nagi*）的形态结构。

■ 文本 17-2
竹柏

5．红豆杉科

南方红豆杉（*Taxus wallichiana* var. *mairei*）：叶排成两列，弯镰状条形，气孔带淡绿色；雄球花（小孢子叶球）单生，小孢子叶 6～8 个孢子囊；雌球花（大孢子叶球）单生，基部有多数覆瓦状排列的苞片，上端 2～3 对苞片交叉对生，胚珠 1～2 枚，直立，基部托以圆盘状的珠托（大孢子叶），受精后珠托发育成肉质、杯状、红色的假种皮。

✖ 图片 17-6
南方红豆杉

四、作业

1. 绘苏铁的 1 枚大孢子叶，以及 1 枚小孢子叶的背面观，标注各部分的名称。

2. 绘银杏的 1 枚小孢子叶及 1 个大孢子叶球，并标注各部分的名称。

3. 绘马尾松球果 1 枚珠鳞的背腹面观，并标注各部分的名称。

4. 绘短叶罗汉松或竹柏 1 个雌球花（大孢子叶球）的纵切面，示套被、珠被、珠孔、苞片等结构。

五、思考题

1. 裸子植物各大类群的种子构造有何主要特征？

2. 苏铁和银杏的雌、雄生殖器官在结构上有何异同？

3. 图解松属生活史，并说明松属种子各部分结构及其来源。

4. 麻黄科和买麻藤科植物在雌、雄生殖结构上有何异同点？

实验十八　被子植物基部类、木兰类

一、实验目的和要求

1. 掌握被子植物基部类睡莲科的基本特征。
2. 掌握木兰类木兰科及樟科的基本特征，并认识代表种类。
3. 了解花程式的写法及花图式的绘法。

二、实验材料

1. 睡莲科（Nymphaeaceae）：睡莲属（*Nymphaea*）。
2. 木兰科（Magnoliaceae）：荷花玉兰（*Magnolia grandiflora*）、白兰（*Michelia alba*）、黄兰（*Michelia champaca*）、含笑（*Michelia figo*）。
3. 樟科（Lauraceae）：阴香（*Cinnamomum burmanni*）、樟树（*Camphora officinarum*）、潺槁（*Litsea glutinosa*）、无根藤（*Cassytha filiformis*）。

三、实验观察

（一）睡莲科

睡莲属（*Nymphaea*）

水生草本植物，叶二型，浮水叶基部心形或箭形。花大形，浮水或高出水面。花两性。所用观察材料为睡莲属切花。

取睡莲属切花，先观察其外表，随后通过花纵剖及花部拆解两种方式，由外而内对花进行解剖观察。最外侧可见4枚绿色肥厚的萼片。萼片以内依次可见多数花瓣及多数雄蕊，且花萼、花瓣、雄蕊之间常有过渡类型，即形态上处于两者之间的类型。雄蕊以内为雌蕊，分别从顶面、横切面、侧面、纵切面对其进行观察。心皮多个，半下位，多个心皮以侧面贴生排成一环组成多室子房。柱头形成凹入的柱头盘。每室胚珠小而多数，注意胚珠着生的位置（图18-1）。

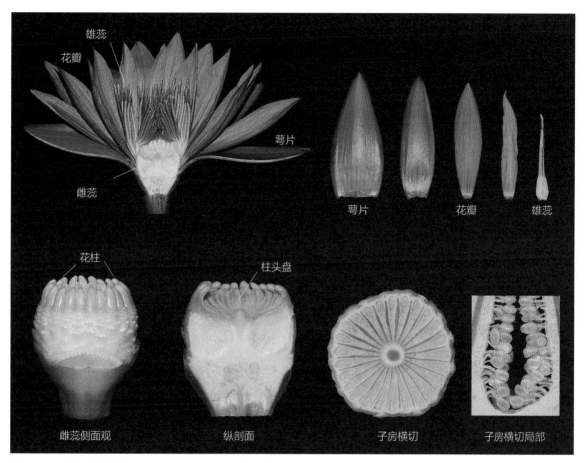

图 18-1 睡莲属的花结构

（二）木兰科

1. 荷花玉兰（*Magnolia grandiflora*）

常绿乔木。叶大而厚，革质，全缘，叶面深绿色而光亮，叶背被锈色短绒毛。花大，顶生，白色，开花时极芳香，花被片 9～15 枚，同型；雄蕊多数，具4 花粉囊，花丝短；雌蕊群无柄，离生心皮多数，每心皮有胚珠 2 枚。聚合蓇葖果卵圆形，蓇葖果室背开裂，顶端有外弯的喙，有种子 2 颗，悬垂于丝状的种柄上，种皮红色，胚小，胚乳嚼烂状。

取荷花玉兰花一朵，先观察其外表，随后通过花纵剖及花部拆解两种方式，由外而内进行解剖观察。最外侧可见同型、花瓣状的花被片，不定数或三的倍数。其内可观察到多数、离生的雄蕊，注意雄蕊的花药与花丝分化程度低。去除部分花被、雄蕊后，可观察到伸长成轴状的花托，雌雄蕊螺旋状排列在花托上。在移除雄蕊群后，可见位于花托顶端的雌蕊群。雌蕊群由多个离生心皮组成，分化程度低，花柱外弯，无毛。用解剖针挑开离生雌蕊的子房，或用刀片沿对称轴纵切单个雌蕊，或对整个雌蕊群进行纵切，可见每心皮有胚珠 2 枚（图 18-2）。

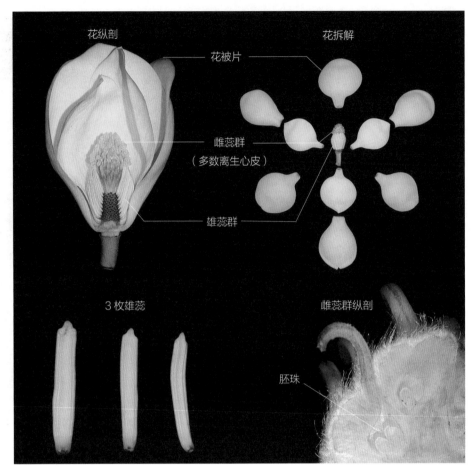

花纵剖　花被片　花拆解
雌蕊群
（多数离生心皮）
雄蕊群
3枚雄蕊　雌蕊群纵剖
胚珠

图 18-2　荷花玉兰花结构

2. 白兰（*Michelia alba*）

常绿乔木。叶互生，薄革质，有香气；托叶大，早落，脱落后在节上留下环状托叶痕，在叶柄腹面留下压痕。花单生叶腋。

取白兰花，先观察其外表，随后由外而内进行解剖观察。每朵花外有 1 枚大型的苞片包被。剥去苞片，可见同型花被。花被多轮，每轮 3～4 枚。去掉部分花被，可见多数的雄蕊螺旋状排列于花托轴基部，花丝极短且与花药之间的分化程度很低，花药长，2 室，4 花粉囊，边缘着生。雌蕊群由多数心皮组成，螺旋状着生于花托轴上部，雌雄蕊群之间的花托轴称为雌蕊群柄（心皮群柄）。取一枚离生心皮，用解剖针挑开子房，或用刀片沿对称轴剖开，可见腹缝线上着生胚珠 8～12 枚。

另观察黄兰（*Michelia champaca*）与含笑（*Michelia figo*）的结构。

（三）樟科

1. 阴香（*Cinnamomum burmanni*）

常绿乔木，枝叶树皮有樟脑油香气，树皮灰黑色，略光滑。单叶互生，离基三出脉，背面脉腋无腺窝。花黄绿色，有香气，排成花序。花两性。核果肉质，种子 1。

取阴香花，先观察其外表，随后由外而内进行解剖观察（图 18-3）。观察时用解剖针拨动花各部分的结构，注意相邻两轮花器官彼此为互生关系。花的最外侧为同型花被，2 轮，每轮 3 数；其内依次可见 4 轮雄蕊（每轮 3 数）和雌蕊。由外而内将花器官分离出来并按相对位置排列在平面上，可见第 1 轮花被与第 2 轮互生，第 2 轮花被与其内方的第 1 轮雄蕊互生，第一轮雄蕊又与其内方第 2 轮雄蕊互生，以此类推。用镊子将不同轮的雄蕊分离出来，比较其形态上的差异。第 1、2 轮雄蕊花药内向，第 3 轮雄蕊花药外向，且花丝基部两侧有腺体，第 4 轮为败育雄蕊，箭头状。将第 1、2 轮的发育雄蕊置于解剖镜下，可见每个花药具有 4 个排成 2 列的花粉囊，开裂方式为瓣裂。子房上位，1 室，具 1 胚珠，柱头 3 裂。

2．樟（*Camphora officinarum*）

常绿大乔木，全株均有香气，木材可蒸馏樟脑，树皮有不规则条纹。叶互生，基三出脉，背面脉腋有腺窝，全缘，有时浅波状弯曲。花与果的结构与阴香相近，此处不再赘述。

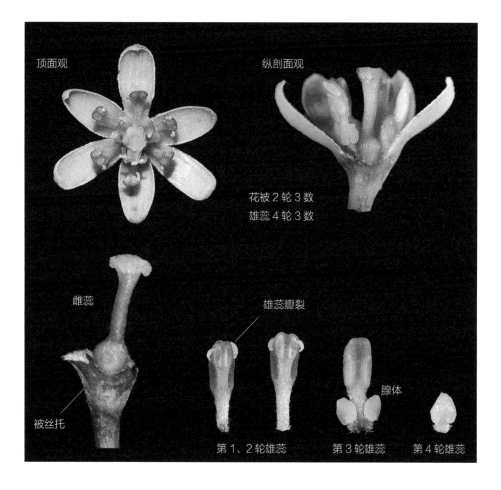

顶面观

纵剖面观

花被 2 轮 3 数
雄蕊 4 轮 3 数

雌蕊

雄蕊瓣裂

腺体

被丝托

第 1、2 轮雄蕊　　　第 3 轮雄蕊　　　第 4 轮雄蕊

图 18-3　阴香的花结构

3. 潺槁（*Litsea glutinosa*）

花单性，雌雄异株，组成腋生的伞形花序，每花序基部有总苞 4 枚；雄花常具发育雄蕊 15 枚或更多，花丝长，有短毛，花药 4 室，全部内向，第 3 轮雄蕊花丝基部有 2 枚腺体，腺体有长柄，柄有毛，退化雄蕊椭球形，有毛；雌花中子房近于圆形，花柱粗大，柱头漏斗形，退化雄蕊与雄花雄蕊同数，有毛。果球形，果梗上端被丝托略增大。

4. 无根藤（*Cassytha filiformis*）

观察无根藤的植物体形态。

■ 文本 18-2
无根藤

四、花程式及花图式

1. 花程式

花程式是用符号和数字来表明花各部分的排列、组成、位置及彼此关系的表达式（表 18-1）。如百合花具 2 轮 6 枚花被，表达为 P3+3，2 轮 6 枚雄蕊为 A3+3，3 心皮合生子房上位为 G（3），因此百合花的花程式为 P3+3A3+3G（3）。

表18-1 花的组成、排列、位置与特定符号的对应关系表

辐射对称	左右对称	雄花	雌花	两性花	花被	花萼
*	↑	♂	♀	☿	P	K

花冠	雄蕊群	雌蕊群	子房上位	子房下位	子房半下位
C	A	G	$\underline{G}$	$\overline{G}$	$\overline{\underline{G}}$

2. 花图式

花图式是用来表明花各部分的排列、组成、位置及彼此关系的花的横切面简图（图 18-4）。

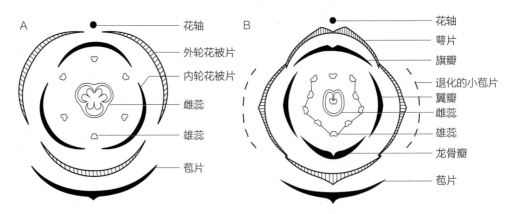

图 18-4 花图式示例
A. 百合科；B. 蝶形花亚科

五、作业

1. 写出睡莲的花公式。观察睡莲的子房横切面及胚珠着生位置，绘睡莲的子房横切面图（局部）。

2. 写出白兰的花公式，并绘一枚心皮的纵剖面图。

3. 绘阴香的花图式以及第 3 轮雄蕊的形态图。

4. 找出校园里的木兰科以及樟科植物，拍照并给出判断依据。

5. 取任意科被子植物的新鲜花朵（以裸眼可以看清主要结构为原则），对其进行纵剖及花部器官的分解、拍照，并指出基本结构（如萼片、花瓣、花被片、雄蕊、雌蕊）。

六、思考题

1. 睡莲科是被子植物系统中排在第二位的类群（仅次于无油樟科），那么我们是否可以认为常见的睡莲属植物是很古老的物种？睡莲的花萼、花瓣、雄蕊之间常存在过渡类型，请阅读文献 *The water lily genome and the early evolution of flowering plants* (Zhang L, Chen F, Zhang X, et al. Nature, 2020, 577 (7788): 79–84. doi: 10.1038/s41586-019-1852-5) 关于睡莲基因组研究中花调控基因（MADS-box genes）部分的内容，试解释其产生原因。

2. 木兰科及樟科都属于木兰类植物，两者具有什么共同特征？

实验十九　单子叶植物

一、实验目的和要求

1. 了解单子叶植物的基本特征。
2. 了解单子叶植物最基部分支菖蒲科的基本特征。
3. 掌握单子叶植物各代表类群的基本特征，重点掌握兰科、姜科唇瓣的不同来源以及莎草科和禾本科的相似性与主要区别。

二、实验材料

1. 菖蒲科（Acoraceae）：石菖蒲（*Acorus tatarinowii*）。
2. 天南星科（Araceae）：海芋（*Alocasia odora*）、犁头尖（*Typhonium divaricatum*）、马蹄莲属（*Zantedeschia*）。
3. 百合科（Liliaceae）：百合属（*Lilium*）。
4. 天门冬科（Asparagaceae）：沿阶草（*Ophiopogon bodinieri*）、土麦冬（*Liriope spicata*）。
5. 兰科（Orchidaceae）：墨兰（*Cymbidium sinense*）、鹤顶兰（*Phaius tancarvilleae*）、文心兰（*Oncidium hybridum*）、硬叶兜兰（*Paphiopedilum micranthum*）。
6. 石蒜科（Amaryllidaceae）：水仙（*Narcissus tazetta* subsp. *chinensis*）、水鬼蕉（*Hymenocallis littoralis*）。
7. 姜科（Zingiberaceae）：艳山姜（*Alpinia zerumbet*）、姜花（*Hedychium coronarium*）。
8. 莎草科（Cyperaceae）：香附子（*Cyperus rotundus*）、两歧飘拂草（*Fimbristylis dichotoma*）、扁莎属（*Pycreus*）。
9. 禾本科（Poaceae）：水稻（*Oryza sativa*）。

三、实验观察

（一）菖蒲科

石菖蒲（*Acorus tatarinowii*）

花序柄腋生，三棱形。肉穗花序圆柱状。花白色，花被片2轮，每轮3；雄蕊6，花丝长线形；子房倒圆锥状长圆形，与花被片等长，先端近截平，2～3室；每室胚珠多数。

取植物体观察其外形，可见叶二列，基部套叠。将叶片撕破，可闻到浓烈的芳香油气味。肉穗花序由多数两性花组成。对花序做横切，取一小段放在解剖镜下观察：用解剖针拨动花器官，可见2轮3数的花被片、6枚雄蕊以及雌蕊（图19-1）。

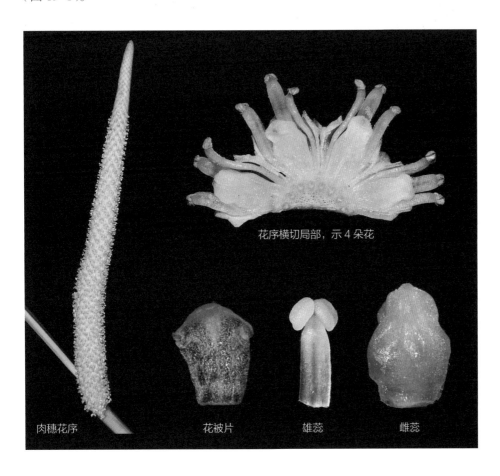

花序横切局部，示4朵花

肉穗花序　　　花被片　　　雄蕊　　　雌蕊

图 19-1　石菖蒲花序及花结构

（二）天南星科

1. 海芋（*Alocasia odora*）

大型常绿草本植物，叶片大，亚革质，箭状卵形。肉穗花序芳香，花单性，顶端具附属器。浆果红色。种子1～2（图19-2）。

取海芋肉穗花序一个，先观察其外表：花序外包被有大型佛焰苞，中部收

窄。随后用刀片沿着佛焰苞的对称轴将其中一半去掉，暴露出肉穗花序。对肉穗
花序的表面进行观察：花单性，由上而下可见附属器、雄花序、不孕花序、雌花
序。附属器淡绿色至乳黄色，圆锥状，嵌以不规则的槽纹，能育雄花序淡黄色，
不孕花序绿白色，雌花序绿色。分别对能育雄花序及雌花序进行表面观察，随后
用刀片对花序做纵切或横切，观察雌花及雄花的侧面形态。从纵向、横向把雌花
剖开，观察胚珠数目。如图 19-2，雌雄花均无花被，能育雄花仅有雄蕊，合生
为雄蕊柱，侧面为倒金字塔形，顶部截平，近六角形；雌花仅有雌蕊，子房卵
形，柱头扁头状，1 室，胚珠少数，直生。

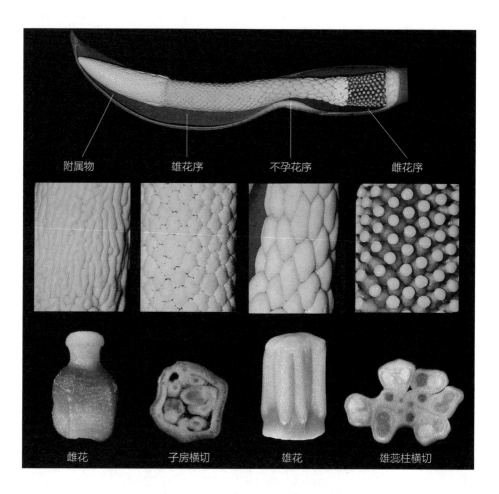

图 19-2　海芋肉穗花序及花结构

附属物　　雄花序　　不孕花序　　雌花序

雌花　　子房横切　　雄花　　雄蕊柱横切

2. 犁头尖（*Typhonium divaricatum*）（示范材料）

多年生草本，块茎近球形。叶基出，心状戟形或箭形，或 3～5 鸟足状分裂。
肉穗花序着生在抽出的花葶上，佛焰苞具阔而短的管，宿存，于口部收缩，上部
宽卵状披针形，顶端渐尖，紫色，脱落；花无花被，花序基部为雌花，排成数
列；雌花之上有数列短而锥尖、直立的中性花；中性花之上为不育部分，再上为
数列雄花；雄花之上为长的附属体，附属体细圆柱状，平滑，渐尖，紫红色；雄
花有雄蕊 1～3 枚，花药无柄；雌花子房 1 室，具 1～2 枚胚珠，基生，柱头无

柄。浆果，卵圆形。种子 1～2 颗。

3．马蹄莲属（*Zantedeschia*）

参见"文本 19-1　马蹄莲"进行观察。

■ **文本** 19-1
马蹄莲

（三）百合科

百合属（*Lilium*）

鳞茎卵形或近球形。叶通常散生。花单生或排成总状花序，少有近伞形或伞房状排列。蒴果矩圆形，室背开裂。种子多数。

取百合属的花，观察花的外形。花大，具 2 轮共 6 枚花被片，离生，颜色鲜艳，成喇叭状。仔细观察花被片内侧基部，可见分泌花蜜的蜜腺，蜜腺两边有乳头状突起或无，有的还有鸡冠状突起或流苏状突起。由外而内将花器官分解，观察其结构和相对位置：2 轮花被以内为 2 轮共 6 枚雄蕊。花药大，丁字着生，花粉橙色；雄蕊以内为雌蕊，子房上位，圆柱形，柱头大，3 裂。用刀片对雌蕊的子房进行横切，可见其由 3 心皮组成，中轴胎座，胚珠多数（横切面上每室只能看到 2 颗）（图 19-3）。

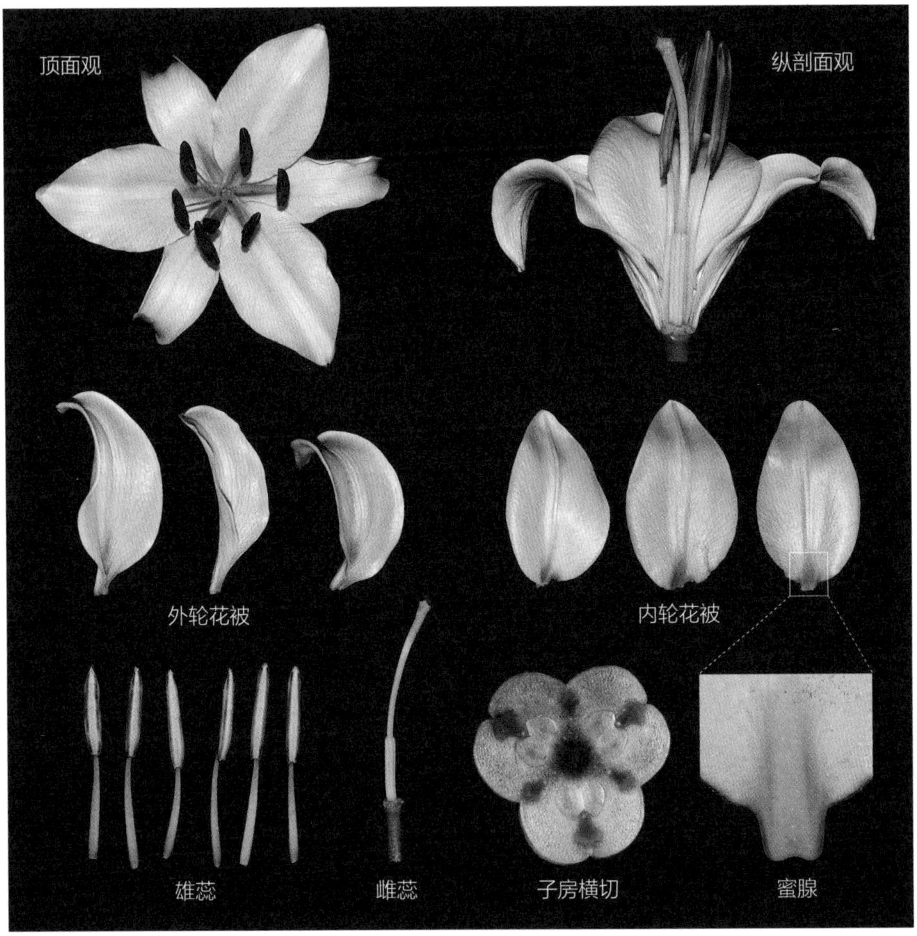

顶面观　　纵剖面观

外轮花被　　内轮花被

雄蕊　　雌蕊　　子房横切　　蜜腺

图 19-3　**百合属的花结构**

（四）天门冬科（示范材料）

1. 沿阶草（*Ophiopogon bodinieri*）

多年生簇生草本，根茎粗短，须根细长，末端常肥大成块根。叶多数基生，狭条形，稍坚挺。花葶自根茎顶端抽出，花小，白色或紫蓝色，排成总状花序，每1小总苞内有花1～3朵，俯垂；花被6枚，排成2轮；雄蕊6枚，2轮，花丝极短，花药三角状披针形；雌蕊由3枚心皮组成，子房半下位，3室，每室有胚珠2枚，花柱3齿裂。

2. 土麦冬（*Liriope spicata*）

参见"文本19-2　土麦冬"进行观察。

█ 文本 19-2
土麦冬

（五）兰科

1. 墨兰（*Cymbidium sinense*）

地生植物，假鳞茎卵球形，包藏于叶基之内。叶3～5枚，带形，有光泽，距基部3.5～7 cm处有关节。花葶自假鳞茎基部生出，直立，花排成总状花序，有花10～20朵或更多。蒴果，种子极多。

取墨兰的花，用解剖针拨动花器官，由外而内观察其结构。墨兰花最外侧为三数的花萼，位于上方中央的为中萼片、位于侧方的2枚为侧萼片，花萼与花瓣离生；萼片以内可见2枚侧生的花瓣及下方中央的唇瓣，唇瓣绿黄色而带紫色的斑点，生于蕊柱的基部，不明显3裂，侧裂片直立，多少围抱合蕊柱，中裂片较大，外弯；最内方为雌雄蕊合生而成的合蕊柱，下部为下位子房，侧膜胎座，胚珠极多，上部由花柱、柱头、1枚可育雄蕊合生而成。将蕊柱上部置于解剖镜下进行观察，可见顶端凸起的药帽，花药具2室，用解剖针轻轻将药帽掀开，可观察到每室具2花粉块，花粉块柄短而有弹性，连接于蕊喙处的黏盘。在载玻片上滴一滴水，用镊子尖或解剖针将花粉块转移至其中并展开，可见共4个花粉块，2大2小。柱头仅2个发育，位于可育雄蕊下方，凹陷成柱头穴，不育柱头退化为蕊喙，位于柱头穴上方（图19-4，图19-5）。

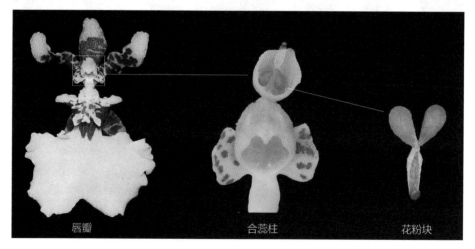

唇瓣　　　合蕊柱　　　花粉块

图19-4　兰科的唇瓣、合蕊柱和花粉块

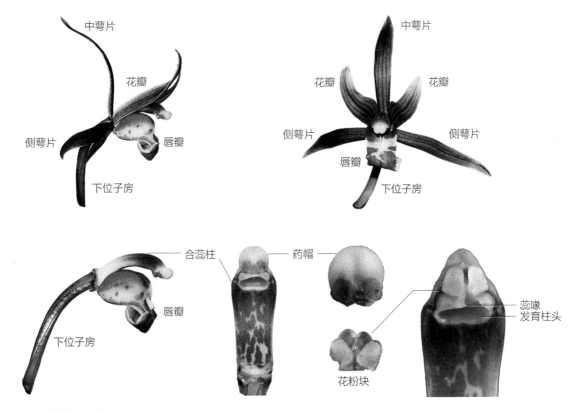

图 19-5　墨兰的花结构

2. 鹤顶兰（*Phaius tancarvilleae*）

参见"文本 19-3　鹤顶兰"进行观察。

3. 文心兰（*Oncidium hybridum*）

取文心兰花进行解剖观察：花被 2 轮共 6 枚，外轮 3 枚为萼片，内轮侧生 2 枚花瓣，内轮中央 1 枚大且鲜艳，为唇瓣，合蕊柱位置与唇瓣相对。合蕊柱顶部可见黄色帽状物，即药帽。用解剖针将药帽挑开，可见花粉块。注意文心兰共有 2 个花粉块，其基部与蕊喙柄相接，蕊喙柄的另一端连接着黏盘，黏盘具有粘性。去除药帽及花粉块后，在合蕊柱顶端可见药床，药床下方的凹陷处即为发育的柱头，能分泌黏液。发育柱头及药床之间可见蕊喙。

4. 硬叶兜兰（*Paphiopedilum micranthum*）

地生或半附生植物。叶基生，二列，叶片长圆形或舌状，坚革质，先端钝，上面有深浅绿色相间的网格斑，背面具龙骨状突起。花葶直立，顶端具 1 花。

取硬叶兜兰花一朵，由外而内观察其结构。花最外侧为三数的花萼，中萼片位于花的上方；两侧萼片合生成合萼片，位于花下方，当从花正面观察时，合萼片被唇瓣遮挡，在移除唇瓣后方可观察到。花萼以内为三数的花瓣，2 枚侧生，中央 1 枚特化为唇瓣，深囊状，与合蕊柱相对，上方具近圆形的囊口。将唇瓣移除后对合蕊柱进行观察：发育雄蕊 2 枚位于合蕊柱两侧，上方为两侧直立的退化

■ 文本 19-3
鹤顶兰

雄蕊，退化雄蕊椭圆形，两侧边缘尤其中部边缘近直立并多少内弯；柱头位于下方，发育柱头3，与退化雄蕊相对。最后对下位子房进行观察，并用刀片做横切，可见由3心皮组成1室，侧膜胎座。兜兰属花结构见图19-6。

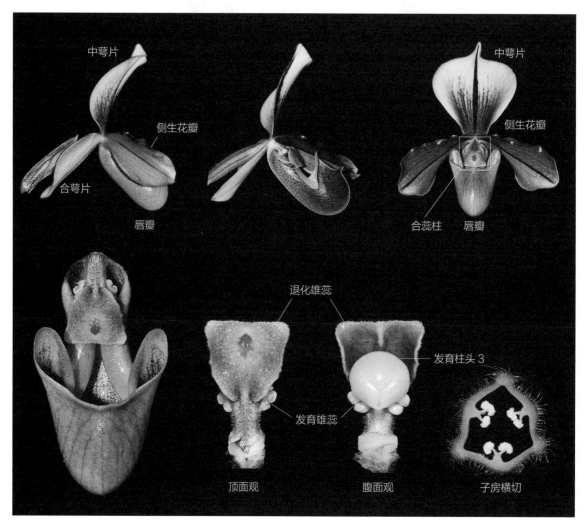

图 19-6　兜兰属花结构示意图

（六）石蒜科

1．水仙（*Narcissus tazetta* subsp. *chinensis*）

多年生草本，具鳞茎，叶直立而扁平。花葶中空，伞形花序有花4～10朵，具总苞。

取水仙花一朵，对其外表形态进行观察，可见其花被为高脚蝶状，具有较长的花被筒，3棱，于上部6裂成6枚白色的花被裂片。花被裂片以内具淡黄色浅杯状的副花冠。用刀片对花进行纵剖，可见花被管位于子房上方（上位花，下位子房），顶端分裂为白色花被裂片，花被裂片基部以内为黄色的副花冠；其内方可以观察到 2 轮雄蕊，每轮 3 数，其花丝贴生于花被管，外轮较长，花药突出于花被管外，另 1 轮较短，藏于花被管内。雄蕊内部为雌蕊，子房下位。用刀片对子房进行横切，并将切片置于解剖镜下观察，可见子房由 3 心皮组成，中轴胎座（图 19-7）。

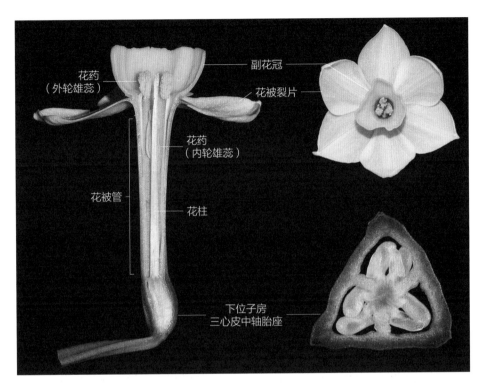

图 19-7　水仙花结构

2．水鬼蕉（*Hymenocallis littoralis*）

叶数枚至多枚，剑形，深绿色，多脉。伞形花序，具总苞。蒴果略肉质。

取水鬼蕉花一朵，先进行表面观察，然后用刀片对其进行纵剖：注意水鬼蕉的花无柄，因此最基部略膨大处即为下位子房；其上可观察到绿色细长的花被管（容易被误认为花梗），上部扩大并形成 6 枚白色线形的花被裂片；花被裂片内部可见 6 枚着生于花被管上的雄蕊，花丝绿色细长，且基部合生成白色杯状体，即花丝副花冠，杯状体钟形或阔漏斗形，上沿有齿。从花纵切面上观察下位子房，再用刀片对下位子房进行横切，并将切片置于解剖镜下观察，可见由 3 心皮组成中轴胎座，每室 2 胚珠。

（七）姜科

1．艳山姜（*Alpinia zerumbet*）

草本，有辛辣味。茎生叶 2 列，叶鞘张开。穗状花序或圆锥花序顶生。蒴果不开裂或不规则开裂，或 3 裂，肉质或干燥。种子多数，有假种皮。

取艳山姜的花，观察其外形，可见花外具大型苞片，顶端粉红色。随后由外而内进行解剖观察，并理解花部之间的相对位置。将小苞片去掉，可见下位子房及其上方的花萼管；花萼管顶端3齿，一侧开裂；移除花萼管后可见较短的花冠管，顶端分裂为3个白色的花冠裂片；移除花冠裂片后，仅余由外轮中央雄蕊发育而来的唇瓣，以及雌雄蕊。唇瓣顶端皱波状，有黄色和紫红色条纹，外轮两枚侧生雄蕊退化成钻形，位于唇瓣基部两侧，与其合生。观察唇瓣与发育雄蕊的相对位置，并将唇瓣完整移除。去除唇瓣后，可见唯一1枚发育雄蕊（内轮中央雄蕊）具有粗壮的花丝，花丝中部具槽，花药大型；内轮两枚侧生雄蕊特化为黄色腺体，位于花丝基部、花柱一侧；花柱从发育雄蕊的花丝槽及药室之间穿出（空间上靠合，但其组织并不合生）。最后用刀片对艳山姜的下位子房进行横切，可见3心皮，如观察多个连续切片，可观察到子房不同水平面的室数有1室和3室的变化。姜科花结构示意图见图19-8。

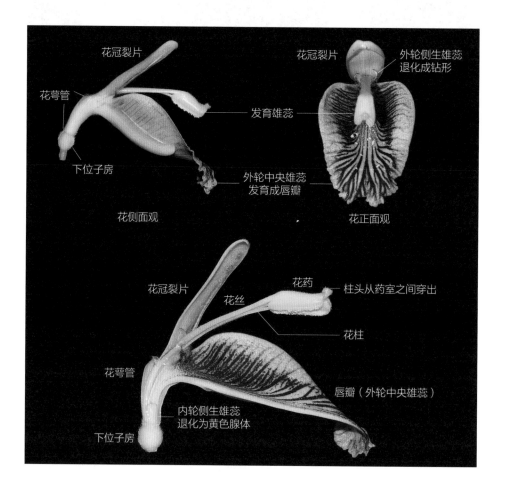

图19-8 姜科花结构示意图（红豆蔻 *Alpinia galanga*）

2. 姜花（*Hedychium coronarium*）

茎直立，叶排成2列，矩圆状披针形。穗状花序；小总苞绿色，其内有花2~3朵；花极香，白色。完整取出一朵花（注意花无柄，最基部为下位子房），由外而内进行解剖观察：萼管状，3齿裂，一侧开裂；花冠管3裂，裂片线状披针形；雄蕊 6 枚，外轮侧生的 2 枚雄蕊花瓣状，外轮远轴的 1 枚雄蕊特化成唇瓣，先端 2 裂；内轮中央雄蕊发育，花丝细长，有沟槽；内轮侧生的 2 枚雄蕊退化成腺体，位于发育雄蕊花丝基部；子房下位，3 心皮，中轴胎座，花柱仅柱头突出药隔之外。

（八）莎草科

1．香附子（*Cyperus rotundus*）

一年生，或多年生草本，有匍匐根状茎和椭圆状块茎。秆直立，散生，三棱柱状，实心；叶基生，叶鞘棕色，封闭。复伞形花序，总苞片 2～3，叶状；小穗稍压扁，小穗轴有白色透明的翅，宿存，花数朵至多数。小坚果矩圆状倒卵形，三棱状，表面具细点。

取香附子花序的一部分，分离出一个小穗，置于解剖镜下观察：可见特称为颖片的鳞片，成 2 列排列于小穗轴上，颖片膜质，卵形或矩圆状卵形，中间绿色，两侧紫红色；一手用镊子固定住小穗轴，另一手持解剖针或镊子，将其中 1 枚颖片掀开，可见单生于颖片腋间的花；将花分离出来，在解剖镜下可见无花被，雄蕊 3 枚，子房上位，花柱 1，柱头 3。参见图 19–9。

图 19-9 莎草属（A、C、E、H）和飘拂草属（B、D、F、G）花序及花结构

2．两歧飘拂草（*Fimbristylis dichotoma*）

一年生或多年生草本。叶通常基生，有时仅有叶鞘而无叶片。花序顶生，苞

片 3～4 枚，叶状，为复出的长侧枝聚伞花序，少有简单，疏散或紧密；小穗单生于辐射枝顶端；鳞片螺旋状排列；雄蕊 1～2 枝；花柱基部膨大，有时上部被缘毛，柱头 2。小坚果。

取小穗一个置于解剖镜下，注意观察鳞片（颖片）排列方式为螺旋状，然后移除数枚鳞片并观察着生于其内的花。无花被，雄蕊 1～3 枝，花柱基部膨大。

3. 扁莎属（*Pycreus*）

一年生或多年生草本。秆多丛生，基部具叶。苞片叶状；长侧枝聚伞花序简单或复出，疏展或密集；辐射枝长短不等；小穗排列成穗状或头状；鳞片二列排列，逐渐向顶端脱落，最下面 1～2 个鳞片内无花，其余均具 1 朵两性花；无下位刚毛或鳞片状花被；雄蕊 1～3；花柱基部不膨大，柱头 2。小坚果两侧压扁，双凸状。

（九）禾本科

水稻（*Oryza sativa*）

一年生禾草，秆直立。叶长，互生成 2 列，叶片条状或线状披针形，叶鞘抱茎，叶片和叶鞘间有明显膜质叶舌，幼时具明显叶耳。圆锥花序松散，有多数小穗。小穗两性，两侧压扁，小穗有 3 朵小花，下方 2 小花退化，顶端 1 朵发育。颖果。

取水稻一枚小穗，置于解剖镜下观察：小穗柄顶端可见稍微凸起的外颖和内颖（半月形痕迹）；内外颖以上可见第 1 小花和第 2 小花的外稃（其余部分退化），小穗中唯一的发育小花位于顶端，具有坚硬的内外稃，结实时外稃紧扣内稃，成熟时黄色；用刀片沿着内外稃的脊进行纵切，然后用镊子撕下其中一半，观察其内小花的结构；子房的基部着生浆片 2 枚；雄蕊 6 枚，花药丁字着生；雌蕊 1 枚，花柱 2 裂，柱头羽毛状（图 19-10）。

四、作业

1. 写出石菖蒲的花公式。
2. 绘海芋／马蹄莲属的雄花及雌花纵剖面图，并指示各部分结构。
3. 绘百合属的花图式。
4. 绘文心兰／鹤顶兰的合蕊柱表面观，并指示各部分结构。
5. 绘水鬼蕉的纵剖面图，并指示各部分结构。
6. 绘艳山姜的花图式。绘姜花纵剖面图，并指示各部分结构。
7. 绘水稻一朵可育小花的纵剖面图，指示各部分结构。
8. 找出校内的莎草科及禾本科植物各两种并拍照，给出科判断的依据。

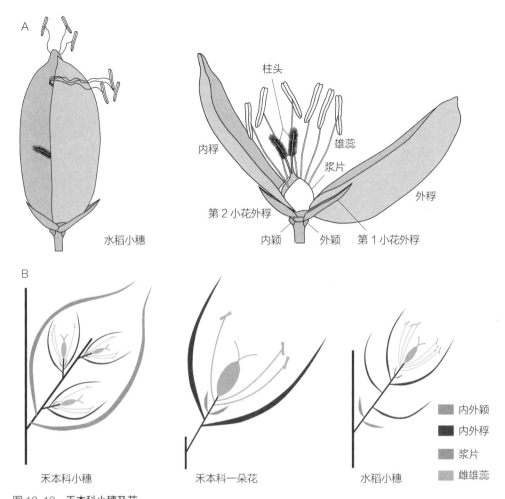

图 19-10 **禾本科小穗及花**
A. 水稻的小穗及花结构；B. 禾本科小穗及花结构模式图

五、思考题

1. 菖蒲科为单子叶植物最基部分支，具有肉穗花序，过去常包括在天南星科内。两科在解剖特征上有何区别？

2. 海芋的传粉方式是什么？其花序结构对其传粉方式有何适应性？

3. 兜兰属的合蕊柱结构及其与唇瓣的空间相对位置对虫媒传粉有何适应性？

4. 在同一天内的不同时间段对艳山姜的花进行观察的时候，可以发现其花柱具有运动能力（花柱上举，柱头位于花药上方；花柱下弯，柱头位于花药下方），这一现象具有什么生物学意义？

5. 比较莎草科及禾本科的主要区别。

实验二十　真双子叶植物 I

一、实验目的和要求

1. 了解金鱼藻科的基本特征。
2. 掌握毛茛科的基本特征及其科内花对称性的变化。
3. 了解五桠果科的基本特征。

二、实验材料

1. 金鱼藻科（Ceratophyllaceae）：金鱼藻（*Ceratophyllum demersum*）。
2. 毛茛科（Ranunculaceae）：石龙芮（*Ranunculus sceleratus*）、禺毛茛（*Ranunculus cantoniensis*）、翠雀（*Delphinium grandiflorum*）、飞燕草（*Consolida ajacis*）。
3. 五桠果科（Dilleniaceae）：五桠果属（*Dillenia*）。

三、实验观察

（一）金鱼藻科

金鱼藻（*Ceratophyllum demersum*）

沉水多年生草本，无根，茎纤细，多分枝（图 20-1）。叶轮生，具多数裂片，裂片二叉状，边缘具细齿，叶柄缺，无气孔器。花小，单性，单被；雄蕊 8～20，花丝极短，药隔伸出而着色，先端具 2 或 3 齿；子房 1 室。坚果，革质。

取金鱼藻枝条，观察其叶片着生方式及形态。取一小段茎和叶置于解剖镜下观察，可见茎叶具明显的气室，叶的气室具横膈膜（图 20-1）。

（二）毛茛科

1. 石龙芮（*Ranunculus sceleratus*）

一年生草本，茎直立，全体无毛或被疏柔毛。基生叶与下部的茎生叶相似，叶片肾状圆形，3 深裂不达基部，裂片倒卵状楔形，不相等 2～3 裂，边缘有粗圆齿；上部的茎生叶较小，3 全裂，裂片全缘，顶端钝圆。花小，排成聚伞花序，

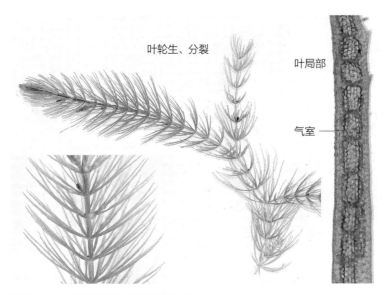

叶轮生、分裂

叶局部

气室

图 20-1　**金鱼藻植株形态及叶局部放大**

两性，辐射对称，有花梗。

取石龙芮花一朵，先进行表面观察，随后用刀片对花进行纵剖，由外而内观察各部分结构：花最外方为黄绿色、5 数的萼片，花萼椭圆形，外有短毛；萼片以内是黄色、5 数的花瓣，将一枚花瓣完整分离，置于解剖镜下观察，可见其内侧基部具有袋穴状的蜜腺；花瓣以内为多数、离生的雄蕊，生于凸起的花托基部，花药卵形，花丝纤细；花最中央为凸起的圆柱状花托，其上着生着多数、离生的心皮；将花托置于解剖镜下，用解剖针或镊子取下几枚离生心皮进行观察，可见每心皮内具 1 胚珠（图 20-2）。每个离生心皮形成一枚瘦果，多数离生心皮形成聚合瘦果。聚合瘦果长圆形，瘦果稍扁，无毛，喙短或缺。

2. 禺毛茛（*Ranunculus cantoniensis*）

一年生草本，茎直立粗壮。叶为 3 出复叶，基生叶与下部叶叶柄长达 15 cm，基部有膜质宽鞘，叶片宽卵形至肾圆形，小叶 2～3 深裂，卵形至宽卵形，边缘密生锯齿。花果结构与石龙芮相似。

■ 文本 20-1
禺毛茛

3. 翠雀（*Delphinium grandiflorum*）

一年生草本。叶掌状深裂呈条形。总状花序；花柄上弯，中部或中部以下有小苞片 1 对；花蓝色，白色或淡紫色，左右对称，开展时直径 2～4 cm。果为蓇葖果。

取翠雀的花，从不同视角观察其表面形态，理解花器官的空间分布并由外而内对花进行分解：最外 1 轮为 5 数、蓝紫色、花瓣状的萼片，最下方 2 枚称下萼片，两侧为侧萼片，最上方中央 1 枚为上萼片，往后延成细长的距；上萼片以内为 2 枚具距的细长花瓣，距套合于上萼片的距内，用镊子将其取出观察；侧萼片以内另有 2 枚花瓣状、具柄的退化雄蕊；退化雄蕊以内为多数可育雄蕊以及 3 个离生心皮组成的雌蕊（图 20-3）。

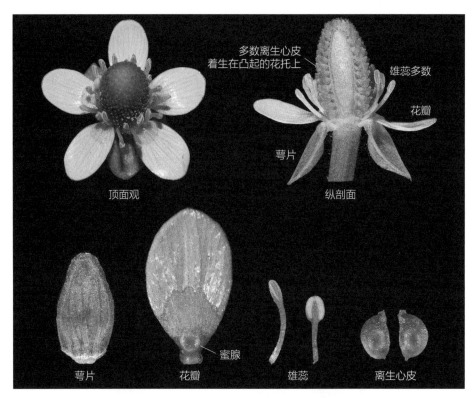

图 20-2　石龙芮
花结构

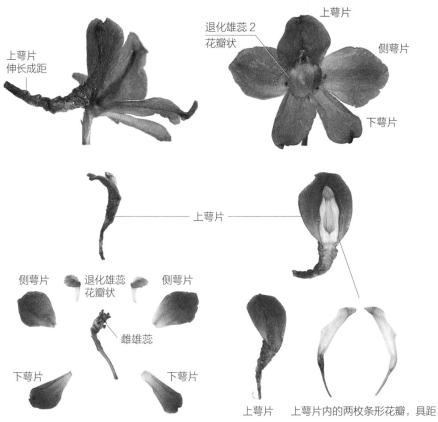

图 20-3　翠雀花
器官分解

4．飞燕草（*Consolida ajacis*）

参见"文本 20-2　飞燕草"进行观察。

■ 文本 20-2
飞燕草

（三）五桠果科

五桠果属（*Dillenia*）

常绿或落叶乔木或灌木。单叶，互生，侧脉多而密；叶柄基部常略膨大，并有宽窄不一的翅。花单生或数朵排成总状花序，白色或黄色。蓇葖果，圆球形，浆果状。

取五桠果的花，从外而内依次观察以下结构：最外侧为 5 数的萼片；萼片以内为 5 数淡黄色的花瓣；花瓣内侧可见多数离生雄蕊，注意内方雄蕊先成熟，外方后成熟（离心式发育）；最内可见 5～20 个心皮以腹面贴生于隆起成圆锥状的花托上。观察果实的结构：外侧为宿存萼片，剥开后可见浆果状的离生心皮（图 20-4）。

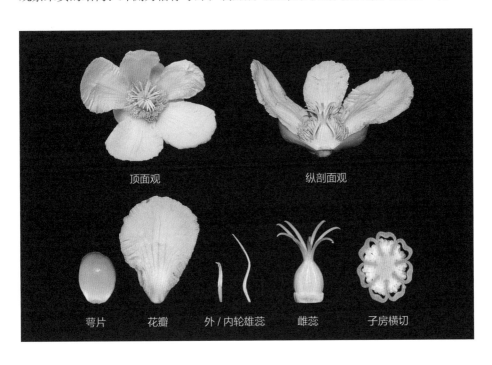

顶面观　　纵剖面观

萼片　花瓣　外/内轮雄蕊　雌蕊　子房横切

图 20-4　五桠果花结构

四、作业

1．绘禺毛茛/石龙芮的花纵剖面图，并指示各部分结构。
2．写出飞燕草的花公式。

五、思考题

1．金鱼藻具有哪些适应水生生境的形态及解剖特征？
2．木兰科及毛茛科都具有多数、离生的雌雄蕊群，但目前的分子系统学研究显示两者关系甚远。从花器官上来看，两者的主要差异在哪里？

实验二十一　真双子叶植物 II

一、实验目的和要求

1. 了解豆科、蔷薇科、桑科、大戟科、桃金娘科、锦葵科和十字花科的分类特征和代表植物。

2. 掌握大戟科杯花的结构特点；掌握豆科的分群特征；蔷薇科各亚科的主要区别。

二、实验材料

1. 豆科（Leguminosae）：红花羊蹄甲（*Bauhinia* × *blakeana*）、黄槐决明（*Senna surattensis*）、腊肠树（*Cassia fistula*）、阔荚合欢（*Albizia lebbeck*）、银合欢（*Leucaena leucocephala*）、台湾相思（*Accacia confusa*）、含羞草（*Mimosa pudica*）、猪屎豆（*Crotalaria pallida*）、南岭黄檀（*Dalbergia assamica*）。

2. 蔷薇科（Rosaceae）：麻叶绣线菊（*Spiraea cantoniensis*）、月季（*Rosa chinensis*）、豆梨（*Pyrus calleryana*）、福建山樱花（*Prunus campanulata*）、桃（*Prunus persica*）、枇杷（*Eriobotrya japonica*）、皱果蛇莓（*Duchesnea chrysantha*）。

3. 桑科（Moraceae）：对叶榕（*Ficus hispida*）、构（*Broussonetia papyrifera*）、桑（*Morus alba*）。

4. 大戟科（Euphorbiaceae）：一品红（*Euphorbia pulcherrima*）、猩猩草（*Euphorbia cyathophora*）、石栗（*Aleurites moluccanus*）。

5. 桃金娘科（Myrtaceae）：桃金娘（*Rhodomyrtus tomentosa*）、蒲桃（*Syzygium jambos*）、洋蒲桃（*Syzygium samarangense*）、美叶桉（*Eucalyptus calophylla*）。

6. 锦葵科（Malvaceae）：大红花（*Hibiscus rosa-sinensis*）、悬铃花（*Malvaviscus arboreus*）、地桃花（*Urena lobata*）、白背黄花稔（*Sida rhombifolia*）。

7. 十字花科（Cruciferae）：菜心（*Brassica rapa* var. *chinensis* aff. *parachinensis*）。

三、实验观察

（一）豆科

1. 红花羊蹄甲（*Bauhinia* ×*blakeana*）

乔木。伞房花序。花两性，稍呈左右对称，具苞片 1 枚，小苞片 2 枚；萼片 5 枚，合生成大型佛焰苞状；花瓣 5 枚，近轴端颜色最深的 1 枚花被片位于最内侧，呈上升覆瓦状排列，称为假蝶形花冠。雄蕊 10 枚，2 轮，外轮 5 枚发育，内轮 5 枚退化，花丝分离；雌蕊由 1 枚心皮构成，1 室，具多数胚珠。本种为香港市花，来源于羊蹄甲（*Bauhinia purpurea*）和洋紫荆（*B. variegata*）的杂交，为三倍体，不结实。

2. 黄槐决明（*Senna surattensis*）

灌木或小乔木。一回羽状复叶，叶柄及最下 2 或 3 对小叶间的总轴上有矩圆形腺体，小叶 7～9 对，被疏散、紧贴的长柔毛，边全缘。总状花序生于枝条上部的叶腋内；苞片卵状长圆形，外被微柔毛；萼片卵圆形，大小不等；花瓣鲜黄至深黄色，卵形至倒卵形；雄蕊 10 枚，全部能育。荚果扁平，带状，成熟时开裂；种子 10～12 颗，有光泽。

3. 腊肠树（*Cassia fistula*）

乔木。一回羽状复叶，叶柄和叶轴无腺体，叶长 30～40 cm，小叶 4～8 对，对生。总状花序长达 30 cm，下垂，花具清香；萼片长卵形，长 1～1.5 cm，开花时向后反折；花瓣黄色，倒卵形，长 2～2.5 cm；雄蕊 10 枚，其中 3 枚具长而弯曲的花丝，高出花瓣，4 枚短而直，具阔大的花药，其余 3 枚很小，不育。荚果圆柱形，长 30～60 cm，直径 2～2.5 cm，黑褐色，不开裂；种子 40～100 颗，为横隔膜所分开。

4. 阔荚合欢（*Albizia lebbeck*）

乔木。二回羽状复叶，叶柄近基部具 1 枚大腺体。头状花序。花辐射对称，花萼钟形，5 齿裂；花冠黄绿色，漏斗形，上部 5 裂；雄蕊多数，花丝细长，基部合生；雄蕊与子房之间具花盘，花盘多裂，胚珠多颗。荚果扁平宽带状，果皮革质。

5. 台湾相思（*Accacia confusa*）

乔木。小叶退化，叶柄扩大，形成微偏曲的披针形叶片状，革质，具 3～5 条平行脉。头状花序单生或 2～3 个簇生于叶腋；花黄色，有微香，萼长约为花冠之半，花冠淡绿色，长约 2 mm；雄蕊多数，超出花冠之外；子房有褐色柔毛，无子房柄。荚果条形，扁，种子间微缢缩，种子 2～8。

6. 银合欢（*Leucaena leucocephala*）

参见"文本 21–1　银合欢"进行观察。

7. 含羞草（*Mimosa pudica*）

参见"文本 21–2　含羞草"进行观察。

8. 猪屎豆（*Crotalaria pallida*）

亚灌木，茎枝被柔毛。叶互生，具 3 枚小叶，小叶近倒卵形；托叶细小，早

📖 文本 21–1
银合欢

📖 文本 21–2
含羞草

落。花两性，20~50朵排成总状花序。花左右对称，苞片细小，早落。萼合生，裂齿三角形，与萼管近等长，被柔毛。花冠具5枚花瓣，黄色而有深色的条纹，近轴1枚最大，称旗瓣，位于花冠最外侧，两侧2枚为翼瓣，远轴2枚合生为龙骨瓣，位于花冠最内侧（此种排列方式称为下降覆瓦状排列），这种结构的花冠称为蝶形花冠。雄蕊10枚，结合成一束，花药二型，一种长而直立，一种短而横生；雌蕊花柱长，子房一室，胚珠数枚。荚果圆柱形，成熟时果皮鼓胀，种子小，摇动有响声（图21-1）。

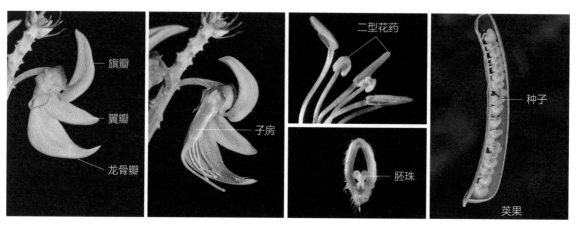

图21-1 猪屎豆的花与果实结构

9. 南岭黄檀（*Dalbergia assamica*）

乔木。一回奇数羽状复叶，互生，叶轴及叶柄均有疏毛；托叶披针形；小叶13~15，长圆形，下面有微柔毛。圆锥花序腋生；茎生小苞片卵状披针形，副萼状小苞片披针形，均早落；花萼钟状，不等5裂；花冠白色，旗瓣圆形，基部有2胼胝体；雄蕊10枚，合生为5+5的二体；子房密被锈色柔毛。荚果椭圆形，扁平，基部具柄，通常含1颗种子。

（二）蔷薇科

1. 麻叶绣线菊（*Spiraea cantoniensis*）

小灌木。单叶互生，边缘具重锯齿，无托叶。花两性，排成顶生伞房花序。花托杯状；萼片5枚；花瓣5枚，白色；雄蕊多数，着生于花托边缘；花盘由多数腺体组成，肉质；雌蕊群常由5枚离生心皮组成，子房上位，每心皮胚珠2~多数。蓇葖果，成熟时沿腹缝线开裂。

2. 月季（*Rosa chinensis*）

直立灌木；小枝粗壮，有短粗的钩状皮刺或无刺。小叶3~5，小叶片宽卵形至卵状长圆形，边缘有锐锯齿，总叶柄较长，有散生皮刺和腺毛；托叶大部贴生于叶柄，仅顶端分离部分成耳状，边缘常有腺毛。花数朵集生，稀单生；花梗近无毛或有腺毛；萼片卵形，先端尾状渐尖，有时呈叶状，边缘常有羽状裂片，稀全缘；花瓣重瓣至半重瓣，红色、粉红色至白色，倒卵形，先端有凹缺，基部楔形；心皮多数，分离，生于壶形萼筒内，花柱伸出萼筒口外，约与雄蕊等长。蔷薇果，卵球形或梨形，长 1～2 cm，成熟时红色。

3．豆梨（*Pyrus calleryana*）

落叶乔木，枝条有长枝和短枝之分。叶卵形，托叶 2 枚，早落。花在短枝上组成伞房花序，花梗细长，具 1 枚苞片及数枚小苞片。花托杯状，花萼、花瓣、雄蕊均着生在花托边缘。萼片 5 枚，绿色；花瓣白色，5 枚，但常因雄蕊瓣化而成重瓣；雄蕊约 20 枚，分离；心皮 2～5 枚，合生，与花托、萼筒等愈合，形成下位子房，2～5 室，每室胚珠 1～2 枚，花柱 2～5，分离。梨果。

4．福建山樱花（*Prunus campanulata*）

乔木或灌木，树皮黑褐色，小枝灰褐色或紫褐色，嫩枝绿色，无毛。叶片卵形，薄革质，边有急尖锯齿；叶柄顶端常有 2 个腺体；托叶早落。花 2～4 朵形成伞形花序，先叶开放；总梗短，总苞片长椭圆形；苞片褐色，边有腺齿；萼筒钟状，花萼裂片长圆形；花瓣倒卵状长圆形，粉红色；雄蕊 39～41 枚；花柱通常比雄蕊长，稀稍短，无毛。核果卵球形，萼片宿存。

5．桃（*Prunus persica*）

落叶小乔木，叶互生，长圆状披针形，边缘有锐锯齿，叶柄或叶的下部边缘常有腺体。花单生，先叶开放，粉红色；被丝托钟状，裂片 5 枚；单瓣类型花瓣 5 枚，重瓣品种花瓣数目较多；雄蕊多数，与花瓣同着生于被丝托口部，花丝分离；雌蕊由 1 枚心皮构成，具毛，子房上位，胚珠 2 枚。核果卵球形，外被绒毛，外果皮薄，中果皮肉质多汁，内果皮厚骨质，是为果核，核表面具沟或皱纹。

6．枇杷（*Eriobotrya japonica*）

常绿小乔木；小枝密生锈色或灰棕色绒毛。叶片革质，披针形，上面光亮，下面密生灰棕色绒毛；叶柄短或几无柄；托叶钻形，有毛。圆锥花序顶生；总花梗和花梗密生锈色绒毛；苞片钻形，密生锈色绒毛；萼筒浅杯状，萼片三角卵形，萼筒及萼片外面有锈色绒毛；花瓣白色，长圆形或卵形，基部具爪，有锈色绒毛；雄蕊 20，远短于花瓣，花丝基部扩展；花柱 5，离生，柱头头状，子房 5 室，每室有 2 胚珠（图 21-2）。果实球形或长圆形，黄色或橘黄色，外有锈色柔毛，不久脱落；种子 1～5，球形或扁球形，褐色，光亮，种皮纸质。

7．皱果蛇莓（*Duchesnea chrysantha*）

参见"文本 21-3　皱果蛇莓"进行观察。

（三）桑科

1．对叶榕（*Ficus hispida*）

小乔木，具乳汁。叶大，对生，粗糙，被粗毛，边缘具粗锯齿；托叶 2，包着顶芽，脱落后留下托叶环痕，但在叶柄内不留下托叶压痕；在无叶的果枝上托叶常 4 枚交互对生。隐头花序肉质，表面有刺毛，着生在老干或老干生出的花枝上。花单性，雌雄异株。隐头花序扁圆或陀螺状，顶端具总苞片多枚。用刀片纵剖花序，观察各类花的结构（图 21-3）。

雄花序：同一花序内有雄花和瘿花，雄花集中在花序内侧上方近口部，瘿花

📖 文本 21-3
皱果蛇莓

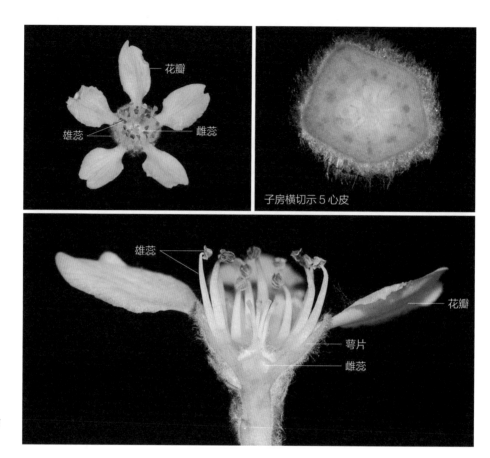

图 21-2 枇杷花与子房结构

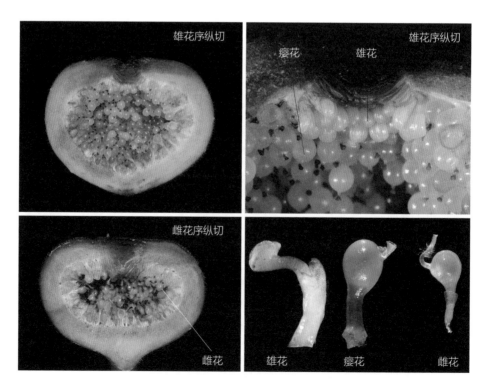

图 21-3 对叶榕的花序与花结构

为退化雌花，分布于花序内侧雄花以下的部分。用镊子夹取 1 至数朵雄花在解剖镜下观察，可见：每一雄花仅具 1 具粗短花丝的雄蕊，外有 1 枚全包的花被片，花药 2 室，初时直立，花被片盖过花药顶部，随着雄蕊成熟，花丝伸长，花被片被顶裂下移，花药的颜色也由浅绿变成黄色；瘿花具 1 退化雌蕊，子房上位，具短的略呈喇叭状的花柱；花被 1，囊状，全部包至退化雌蕊花柱基部。瘿花专门提供场所给瘿蜂产卵，不结实。

雌花序：雌花布满整个花序内侧。雌花仅具 1 枚雌蕊，子房上位，1 室，含 1 枚胚珠，花柱长，上部有毛，花被退化，浅杯状，环围于子房基部。果实为小坚果，果皮坚硬，内含 1 枚种子。

2．构（*Broussonetia papyrifera*）

落叶乔木，枝叶树皮有乳汁；叶卵形，互生，边缘有粗齿；幼树或萌生枝上的叶常为具明显分裂的异型叶；托叶 2，较大。花单性异株，雄花排成下垂的柔荑花序，苞片窄披针状线形，有毛，花被片 4 裂，下部连合，裂片三角形，有毛；雄蕊 4，与花被裂片对生，花丝在芽时内折，雄花内有细小的退化雌蕊。雌花排成具短总花梗的头状花序，苞片呈略扁的棍棒状，宿存；花被管状，膜质半透明，上部与花柱紧贴，顶端 4 裂；子房卵球形，具柄，半下位，1 室，具倒生胚珠 1，悬垂于子房室顶；花柱侧生，线形，柱头线状被毛。聚花果圆球形，成熟时橙红色，肉质略显透明，瘦果表面有小瘤，外果皮壳质。

3．桑（*Morus alba*）

乔木或灌木。叶互生，全缘，或稀 3 裂，边缘具锯齿，掌状脉。花单性，同株或异株，雌雄花序均排成单生的穗状花序；雄花，花被片 4，雄蕊 4，中央有不育雄蕊与萼片对生，花丝在蕾时内折，退化雌蕊陀螺状；雌花，花被片 4，果时宿存增大而肉质；子房小，内藏，1 室，无花柱或花柱极短，柱头 2 裂，宿存。聚花果由 30～60 枚瘦果组成，外被肉质花被片包裹，称桑椹，种子近球形。

（四）大戟科

1．一品红（*Euphorbia pulcherrima*）

灌木，有白色乳汁；叶互生，托叶早落，开花时生于枝顶的 5～7 叶呈鲜红色（特称为苞叶）。花序顶生，由多数杯状聚伞花序（称为杯花或大戟花序）排成聚伞花序式。每一杯花是由一朵雌花和多组雄花组成，外为 5 枚总苞片愈合而成的淡绿色杯状总苞所包围，总苞上部具 1～2 个大型的黄色杯状腺体。

用解剖针纵或刀片纵向剖开总苞，可见：(1) 雌花 1 朵位于中央，长而具节的花梗使其突出总苞之外，雌蕊由 3 个心皮合生而成，无花被，仅在子房基部可见花被退化的痕迹，花柱 3 枚，每枚柱头 2 裂，子房上位，3 室，每室具胚珠 1 枚；(2) 雄花 5 组，形成 5 个螺状聚伞花序，每组约有花 20 朵，镊取一组雄花用放大镜或解剖镜观察，每朵雄花仅具 1 枚雄蕊，无花被，花丝短，红色，生于花梗上，花梗与花丝间有关节，花药 2 室，花柄基部有两种苞片，一种无毛，较长，顶端截形；一种有毛，较短。蒴果三棱状圆形（图 21-4）。

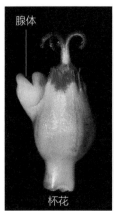
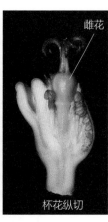
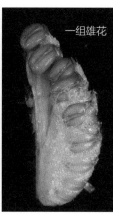

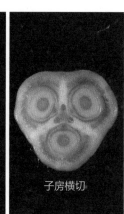

图 21-4　一品红的花序及花结构

■ 文本 21-4
猩猩草

2．猩猩草（*Euphorbia cyathophora*）

草本，叶互生，叶形多变，琴状分裂或不分裂，花序下部的叶一部分或全部紫红色。大戟花序多数排成密集的伞房状。大戟花序的结构与一品红相似。蒴果。

3．石栗（*Aleurites moluccanus*）

乔木，叶卵形或椭圆状披针形，叶柄顶端有 2 枚小腺体。花单性，雌雄同株，同序或异序，组成顶生圆锥花序，花序轴及花梗被密的短柔毛、杂有锈色星状柔毛。花萼不规则 2～3 裂，镊合状；花瓣 5 枚，乳白色或乳黄色。雄花有雄蕊 15～20 枚，3～4 轮，基部常有腺体；雌花子房 2 室，每室有胚珠 1 枚，花柱 2，短，2 深裂。核果大，直径约 5 cm。

（五）桃金娘科

1．桃金娘（*Rhodomyrtus tomentosa*）

小灌木，叶对生，革质，下面披短柔毛，离基三出脉，叶脉在边缘联合成闭锁叶脉。花单生或形成聚伞花序，腋生；小苞片 2；花萼茎部合生，萼管倒卵形萼裂片 5；花瓣 5，紫红色；雄蕊多数，花丝红色；子房下位，3 室。浆果卵状壶形，熟时紫黑色，味甜；种子多数。

2．蒲桃（*Syzygium jambos*）

常绿乔木，叶披针形或长圆形，对生，具透明腺点及明显的边缘闭锁脉。聚伞花序顶生，花两性，辐射对称；花萼肉质，萼筒倒锥形，萼裂片 4，宿存；花瓣 4，分离，白色，与花萼裂片互生；雄蕊多数，多轮排列，着生于花盘外缘，芽时向内卷曲；雌蕊合生，子房下位，2 室，每室胚珠多数，中轴胎座，花柱线形，柱头不明显。核果状浆果，球形，内有种子 1～2 颗；种子无胚乳，子叶厚（图 21-5）。

3．洋蒲桃（*Syzygium samarangense*）

■ 文本 21-5
洋蒲桃

参见"文本 21-5　洋蒲桃"进行观察。

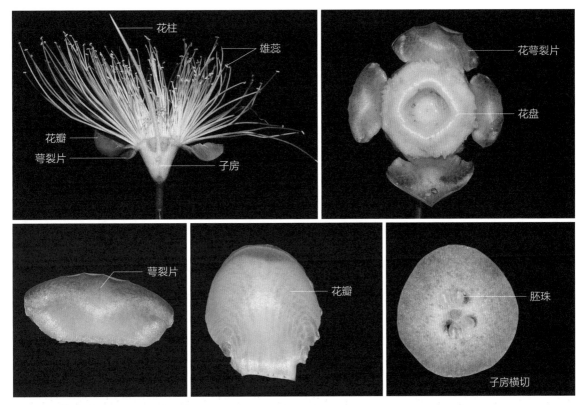

图 21-5　蒲桃的花及子房结构

4．美叶桉（*Eucalyptus calophylla*）

中等大乔木。叶卵圆披针形，稍厚，脉明显，侧脉几乎由中脉上以直角开出，密而平行，边脉几乎紧贴叶缘。花大，具柄，白色或乳酪色，罕见淡粉红色，顶生形成伞房花序或圆锥花絮，萼管倒圆锥状，帽状体薄，平压状。雄蕊多数；子房下位。果大，具长柄，厚木质，卵状壶形，有时有棱。

（六）锦葵科

1．大红花（*Hibiscus rosa-sinensis*）

灌木，叶互生，有托叶。花单生于叶腋，具长柄，中部以上有关节；小苞片 6～10 枚，位于花萼之外，称为副萼；花萼钟形，裂片 5 枚，芽时镊合状排列；花瓣 5 枚，鲜红色，旋转状排列，基部稍相连；雄蕊多数，合生成雄蕊管，基部与花瓣基部结合，花丝顶端分离，花药 1 室，肾形；用解剖针挑开雄蕊管，露出雌蕊，可见雌蕊子房上位，花柱细长，顶端 5 裂，用刀横切子房，可见子房 5 室，中轴胎座，每室胚珠多数（参见图 8-1）。木槿属的果为蒴果，但本种不结实。

2．悬铃花（*Malvaviscus arboreus*）

灌木，叶卵状披针形，边缘具钝齿，主脉 3 条；叶柄长 1～2 cm；托叶线形，早落。花单生于叶腋；小苞片匙形，基部合生；萼钟状，裂片 5，较小苞片略长；花腋生，红色，下垂，筒状，仅于上部略开展，长约5 cm，雄蕊柱长约7 cm；花柱分枝10。果未见。

3. 地桃花（又称"肖梵天花"，*Urena lobata*）

参见"文本21-6 地桃花"进行观察。

■ 文本21-6
地桃花

4. 白背黄花稔（*Sida rhombifolia*）

直立亚灌木，被星状柔毛；叶菱形或长圆状披针形，边缘具锯齿；托叶纤细，刺毛状。花单生于叶腋，花梗长1～2 cm，密被星状柔毛，中部以上有节；萼杯形，裂片5，三角形；花黄色，花瓣倒卵形；雄蕊柱上部花丝分离，花柱分枝8～10。分果半球形，分果爿8～10，顶端具2短芒。

（七）十字花科

菜心（*Brassica rapa* var. *chinensis* aff. *parachinensis*）

观察菜心的生活标本。叶互生，总状花序。花黄色，辐射对称，萼裂片4枚，萼片腹面下部有腺体；花瓣4枚，对角位置排成十字形；雄蕊6，排成2轮，四强，外轮2枚较短，内轮4枚较长，为四强雄蕊，花药2室，雄蕊之间有蜜腺；子房上位，柱头头状或微2裂，子房由2心皮组成，侧膜胎座，有假隔膜将子房分为2室，胚珠多数，着生于胎座框上；果实为长角果（图21-6）。

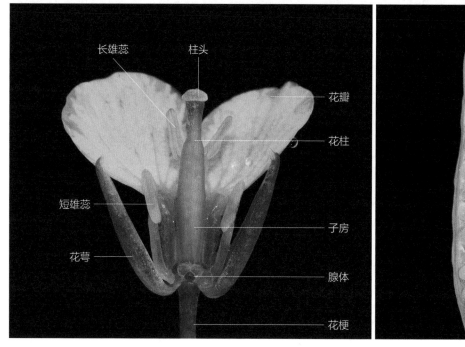
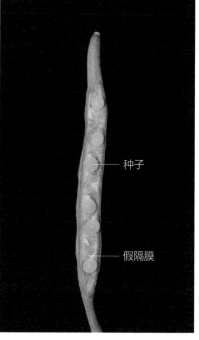

图21-6 菜心的花与果实结构

四、作业

1. 绘豆梨花纵剖面图。
2. 绘对叶榕的一朵雄花、一朵雌花及一朵瘿花，标出各部分结构。
3. 绘大戟科的杯花纵剖面及 1 组雄花详图。
4. 写出菜心、大红花和猪屎豆的花公式。

五、思考题

1. 何谓隐头花序？隐头花序的结构是如何与传粉相适应的？
2. 为什么红花羊蹄甲不结实？是生物学的原因还是生态学的原因呢？
3. 为什么杯花不是一朵花而是一个花序？
4. 十字花科花部基数、排列方式应如何解释？它有哪些重要经济植物？
5. 对比观察锦葵科不同植物，它们有哪些共同特征？

实验二十二　真双子叶植物Ⅲ

一、实验目的和要求

1. 掌握石竹科、茜草科、夹竹桃科、旋花科、茄科、马鞭草科、唇形科、菊科、伞形科植物的主要形态特征；

2. 了解上述各科的主要代表植物及其识别特征。

二、实验材料

1. 石竹科（Caryophyllaceae）：石竹属（*Dianthus*）、鹅肠菜（*Stellaria aquatica*）。

2. 茜草科（Rubiaceae）：栀子（*Gardenia jasminoides*）、龙船花（*Ixora chinensis*）、玉叶金花（*Mussaenda pubescens*）。

3. 夹竹桃科（Apocynaceae）：长春花（*Catharanthus roseus*）、黄花夹竹桃（*Thevetia peruviana*）、马利筋（*Asclepias curassavica*）。

4. 旋花科（Convolvulaceae）：五爪金龙（*Ipomoea cairica*）。

5. 茄科（Solanaceae）：水茄（*Solanum torvum*）、少花龙葵（*Solanum americanum*）。

6. 马鞭草科（Verbenaceae）：马缨丹（*Lantana camara*）。

7. 唇形科（Lamiaceae）：一串红（*Salvia splendens*）、龙吐珠（*Clerodendrum thomsoniae*）。

8. 菊科（Asteraceae）：向日葵（*Helianthus annuus*）、南美蟛蜞菊（*Sphagneticola trilobata*）、黄鹌菜（*Youngia japonica*）。

9. 伞形科（Apiaceae）：芫荽（*Coriandrum sativum*）、积雪草（*Centella asiatica*）。

三、实验内容

（一）石竹科

1. 石竹属（*Dianthus*）（图 22-1）

草本，茎有关节，节处膨大。叶对生，线形或披针形。花各色，单生或排成聚伞花序；花萼圆筒状，合生，先端 5 齿裂，基部围有覆瓦状排列苞片 4～6 枚；花瓣 5，具长爪，瓣片边缘具齿或细裂，喉部有深色斑纹；雄蕊 10 枚，贴生子房基部；雌蕊由 2 心皮组成，花柱 2，丝状，子房上位，1 室，特立中央胎座，胚珠多数，有长子房柄。蒴果圆柱形或卵形，成熟时顶端 4～5 齿裂或瓣裂。

图 22-1　石竹
A. 花侧面观；
B.花纵切；C.子房横切；D. 花顶面观

❖ 图片 22-1 鹅肠菜

2. 鹅肠菜（*Stellaria aquatica*）

草本，具须根。叶片卵形或宽卵形，顶端急尖，基部稍心形。顶生二歧聚伞花序；苞片叶状，边缘具腺毛；花梗密被腺毛；萼片卵状披针形或长卵形，顶端较钝，边缘狭膜质，外面被腺柔毛；花瓣白色，2 深裂至基部，裂片线形或披针状线形；雄蕊 10，稍短于花瓣；子房长圆形，花柱短，线形。蒴果卵圆形，稍长于宿存花萼；种子近肾形，褐色，具小疣。

（二）茜草科

1. 栀子（*Gardenia jasminoides*）

灌木，叶对生，稀 3 片轮生；托叶膜质，生于叶柄内，三角形，基部合生成鞘状，称为柄内托叶。花两性，辐射对称，单生于枝顶；花萼合生成筒状，顶部5~6裂，裂片披针形；花冠白色或乳黄色，高脚碟状，喉部有疏柔毛，冠管狭圆筒形，顶端5~6裂，旋转排列，裂片倒卵形；雄蕊与花冠裂片同数，着生于花冠喉部，花丝极短，花药线形，丁字着生；雌蕊由2心皮合生而成，子房下位，1室，或因胎座突入子房内而呈假2室至假多室，每室胚珠多颗；花柱粗厚，柱头纺锤形（图22-2）。浆果，熟时黄色或橙红色，外有5~9条纵棱，顶部具宿存萼片；种子多数，小而坚硬。

2. 龙船花（*Ixora chinensis*）

小灌木。叶对生，有极短的柄，矩圆状披针形至倒卵形；托叶在叶柄间，基部阔，常常合生成鞘。聚伞花序顶生，总花梗短，与分枝均呈红色；萼檐4裂，裂片齿状，远较花萼筒短；花冠红色或红黄色，高脚碟形，长2.5~3.5 cm，顶部4裂，裂片倒卵形或近圆形；雄蕊与花冠裂片同数，生于冠管喉部，花丝极短，花药背着，基部2裂；花盘肉质，肿胀；子房2室，每室有胚珠1颗；花柱线形，柱头2，初时靠合，盛开时叉开。浆果近球形。

3. 玉叶金花（*Mussaenda pubescens*）

参见"文本22-1 玉叶金花"进行观察。

 图片22-2 龙船花

■ 文本22-1 玉叶金花

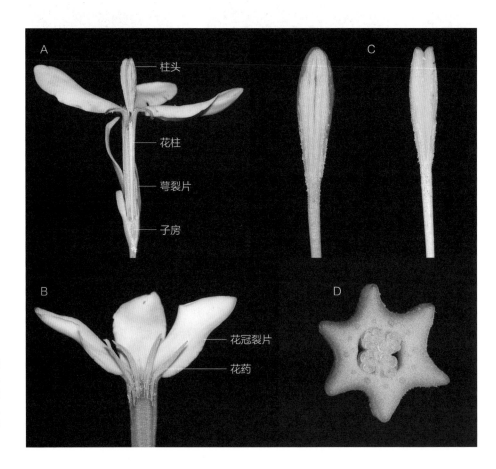

图22-2 栀子花结构
A. 花纵切；B. 花冠纵切局部放大，示花药着生于花冠管喉部；C. 柱头，右示可授面；D. 子房横切

（三）夹竹桃科

1. 长春花（*Catharanthus roseus*）

多年生草本或半灌木，有透明水液。叶对生，膜质，倒卵状矩圆形，叶柄间和叶腋内有腺体。聚伞花序顶生或腋生，有花 2～3 朵；花萼 5 深裂，萼片披针形；花冠红色，高脚碟状，花冠管细长，喉部紧缩，内面具刚毛；花冠裂片 5 枚，倒卵形，向左覆盖；雄蕊 5 枚，着生于花冠筒中部之上，花药隐藏于喉部之内，并围绕柱头；花盘由 2 片舌状腺体组成，与心皮互生而较长。雌蕊由 2 离生心皮构成，胚珠多数；花柱丝状，细长，柱头头状，并有一围罩盖住顶端以下的柱头面。蓇葖双生，直立。

2. 黄花夹竹桃（*Thevetia peruviana*）

小乔木，全株具白色乳汁。叶互生，线状披针形。聚伞花序顶生；花萼 5 深裂；花冠黄色，漏斗状，裂片 5，向左覆盖，花冠筒喉部具 5 枚被毛的鳞片（副花冠）；雄蕊 5 枚，位于鳞片下方，与花冠裂片互生，花丝短，花药箭形，在花中紧靠合围柱头；雄蕊下方具 5 枚具毛的腺体；雌蕊由 2 心皮合生而成，子房上位，2 室，每室胚珠 2 枚，外为 5 浅裂的花盘所包围；花柱丝状，柱头圆形，顶端 2 深裂（图 22-3）。核果，扁三角状球形，有种子 2～4 颗。

➕ 图片 22-3
黄花夹竹桃花和叶

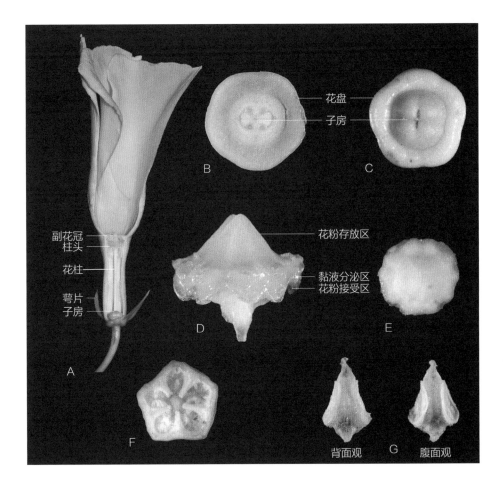

图 22-3　黄花夹竹桃花结构
A. 花纵切；B. 子房横切；C. 子房顶面观；D. 柱头侧面观；E. 柱头顶面观；F. 花冠喉部顶面观；G. 雄蕊

3．马利筋（*Asclepias curassavica*）

　　多年生草本，全株有白色乳汁。叶对生或轮生，长椭圆状披针形，叶柄基部有针状腺体。聚伞花序顶生或腋生。花萼 5 深裂，裂片披针形，内侧基部有 5～10 枚腺体；花冠紫红色，辐状，5 深裂，花冠裂片 5 枚，镊合状排列，反折；雄蕊着生于花冠基部，花丝合生成管围绕雌蕊，花药顶端有一膜质附属体内弯至花柱顶，合生成合蕊冠；副花冠 5 片，贴生于合蕊冠上，为直立的帽状体，黄色，每一帽状体里面有一角状体突出于外；花粉块每室 1 个，长圆形，下垂固着于 1 个紫红色的着粉腺上，每两个花粉块连于一着粉腺；心皮 2，离生，柱头五角状或 5 裂（图 22-4）。蓇葖果披针形，顶端渐尖；种子顶端具白色绢质种毛。

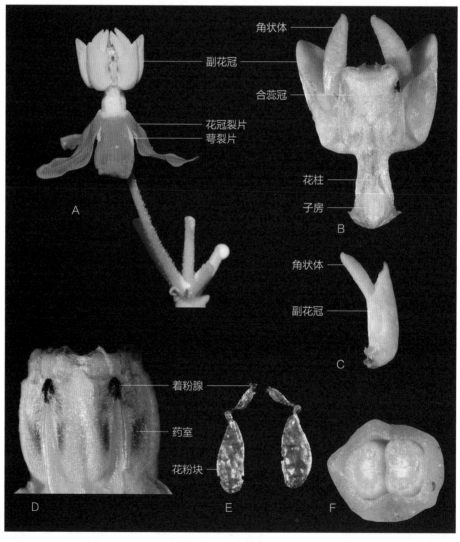

图 22-4　马利筋
A. 花侧面观； B. 花纵切（花萼及花冠已去除）；C. 副花冠侧面观；D. 合蕊冠；E. 载粉器；F. 子房横切

（四）旋花科

五爪金龙（*Ipomoea cairica*）（图 22-5）

缠绕草本。叶掌状 5 深裂或全裂，基部 1 对裂片通常再 2 裂。聚伞花序腋生，具 1～3 花；苞片及小苞片均小，鳞片状，早落；萼片稍不等长，外方 2 片较短，内萼片稍宽；花冠紫红色，漏斗状；雄蕊不等长，花丝基部下延贴生于花冠管基部以上，被毛；子房无毛，花柱纤细，长于雄蕊，柱头 2 裂球形。

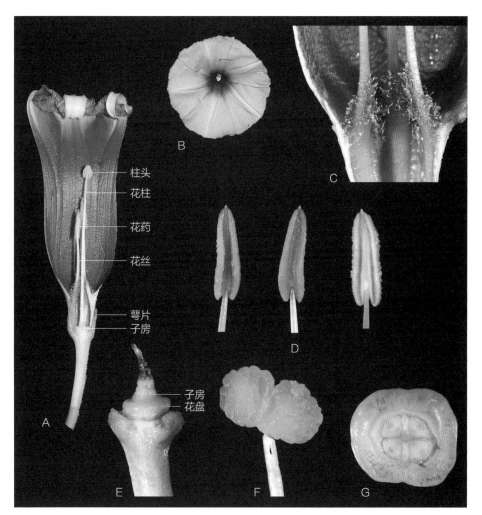

图 22-5　五爪金龙

A. 花纵切；B. 花顶面观；C. 花冠基部放大，示雄蕊着生处及花丝基部具毛；D. 花药（左为腹面观，中、右为背面观）；E. 子房及花盘；F. 柱头；G. 花盘及子房横切

（五）茄科

1. 水茄（*Solanum torvum*）

灌木，全株被星状毛；小枝疏具皮刺。叶单生或两叶聚生（双生），两面常具刺，边缘半裂或波状。聚伞花序腋外生，2～3 歧；花萼杯状，5 裂，果时增大；

花冠白色，合生，冠筒短，顶端 5 裂，裂片由基部向四面扩展成轮辐状；雄蕊 5 枚，着生花冠管上，与花冠裂片互生，花药常靠合成圆锥体状，2 室，顶孔开裂；雌蕊由 2 心皮组成，子房上位，2 室，位置偏斜（相对花序轴而言），每室胚珠多数。浆果圆球形，熟时黄色，果柄顶端具宿存花萼。

2. 少花龙葵（*Solanum americanum*）

草本，茎无毛。叶薄，基部楔形下延至叶柄而成翅。花序近伞形，腋外生，纤细，具 1～6 花。花冠白色；花药顶孔开裂。浆果球形，熟时黑色。

（六）马鞭草科

马缨丹（*Lantana camara*）（图 22-6）

半藤本状灌木，枝叶揉后有强烈气味。茎四方形，常有短而下弯的钩刺。单叶对生，表面有粗糙的皱纹。头状花序顶生或腋生，花序梗长于叶柄；每朵花外侧具 1 枚卵状披针形的苞片，长为花萼的 1～3 倍；花萼合生，管状，顶端有极短的齿；花冠黄色或橙黄色，开花后不久转为深红色，花冠管细管状，顶端 4～5 浅裂，裂片钝或微凹，几近相等而平展或略呈二唇形；用解剖针纵向剖开花冠，可见雄蕊 4 枚，着生于花冠管中部，2 长 2 短，内藏；雌蕊由 2 枚心皮组成，子房上位，2 室，每室胚珠 1 枚；花柱顶生，柱头偏斜，盾形头状。核果，熟时紫黑色。

图片 22-6
少花龙葵

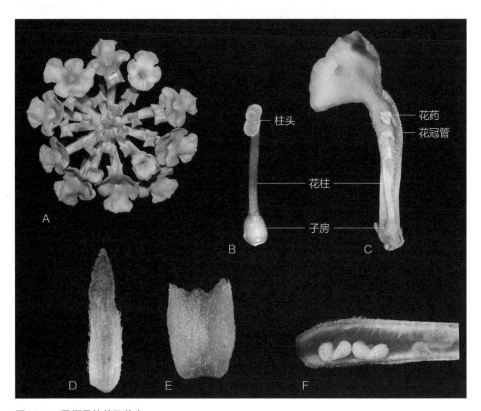

图 22-6 马缨丹的花及花序
A. 花序顶面观；B. 雌蕊；C. 花纵切；D. 苞片；E. 花萼；F. 花冠管局部，示雄蕊

（七）唇形科

1．一串红（*Salvia splendens*）（图22-7）

亚灌木状草本，茎四棱形。叶对生，边缘有锯齿，下面具腺点。轮伞花序每轮2～6花，组成顶生总状花序。苞片卵圆形，红色，在花开前包裹着花蕾；花萼5枚合生，略成钟状二唇形，上唇2齿裂，下唇单裂片；花冠红色，冠筒筒状，冠檐二唇形，上唇直伸，长圆形，2浅裂，下唇比上唇短，3裂。用刀片从花冠上下唇至花冠管的中线剖开（勿切中子房），去掉其中一半花冠，可见发育雄蕊2枚，花丝短，药室2，两药室间药隔分离，发育药室与部分药隔发育成为上臂，连不育的药室与部分药隔形成下臂，上下臂近等长，下臂增粗，花丝顶端因此成为杠杆的支点，昆虫从正面触碰下臂，会促使上臂向下接触到昆虫的背部；退化雄蕊2，短小。花盘发达偏于一侧。子房上位，由2个深缢的心皮组成，因此为4室，每室胚珠1颗，花柱生于分裂子房基部，称花柱基生，柱头2裂。果由4个小坚果组成，每小坚果具种子1枚。

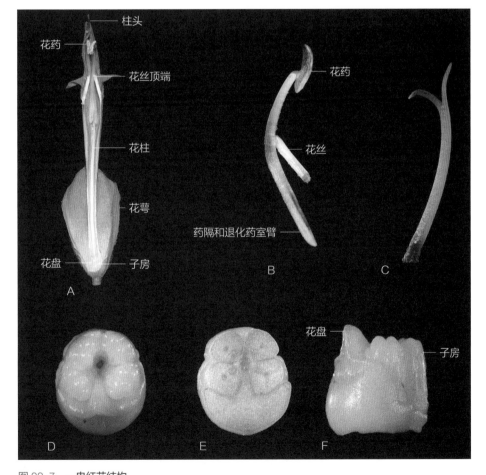

图22-7　一串红花结构
A. 花纵切；B. 雄蕊；C. 花柱上部及2裂柱头；D. 花盘和子房顶面观；E. 花盘和子房横切；F. 花盘和子房侧面观

■ 文本 22-2
龙吐珠

2.龙吐珠（*Clerodendrum thomsoniae*）

参见"文本 22-2　龙吐珠"进行观察。

（八）菊科

1.向日葵（*Helianthus annus*）

一年生高大草本。叶互生，卵圆形，具离基三出脉。头状花序极大，单生于茎顶端；总苞数轮，外轮呈叶状；缘花为假舌状花，黄色，不结实；盘花为辐射对称的管状花，两性，每朵管状花基部有半膜质的苞片（托片）1枚；萼片（冠毛）退化成2枚鳞片，早落；花冠管状，近基部膨大，顶端5浅裂；用解剖针纵向挑开花冠管，可见雄蕊5枚，着生于花冠管上，花丝分离，花药聚合（聚药雄蕊），包围于花柱四周，用解剖针从聚药一侧剖开，展开，可见花药内向，纵裂；花冠管近基部膨大处为蜜腺连成的花盘；雌蕊由2心皮合生，子房下位，1室，胚珠1枚，基部着生，花柱细长，柱头2裂。瘦果稍扁，内有种子1枚。

2.南美蟛蜞菊（*Sphagneticola trilobata*）（图 22-8）

多年生草本，茎横卧地面，节处常生不定根。叶对生，椭圆形，3裂。头状花序，单生，花序梗长；总苞2层；缘花为假舌状花，顶端2～3齿裂，黄色；

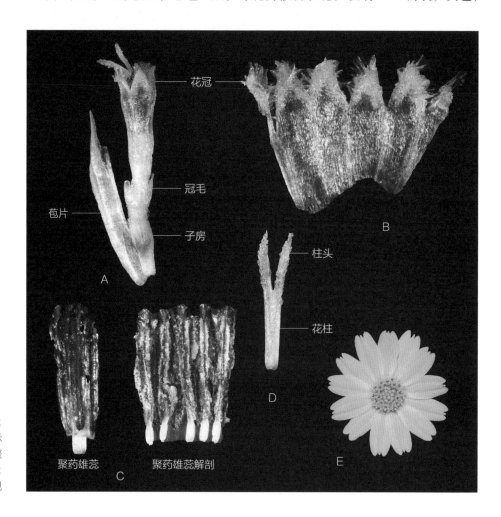

图 22-8　南美蟛蜞菊
A. 苞片及管状花；
B. 管状花展开，示花冠裂片；C. 聚药雄蕊；D. 柱头；
E. 头状花序顶面观

盘花为两性的管状花，黄色，结实，花冠近钟形，向上渐扩大，檐部 5 裂；苞片（托片）顶端 3 浅裂；花萼（冠毛）特化为具浅齿的杯状物。瘦果倒卵形。

3．黄鹌菜（*Youngia japonica*）

参见"文本 22-3　黄鹌菜"进行观察。

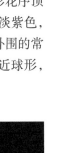

■ 文本 22-3
黄鹌菜

（九）伞形科 Apiaceae

1．芫荽（*Coriandrum sativum*）

一年生草本，具强烈气味。基生叶 1～2 回羽状全裂，羽片广卵形或扇形半裂，叶柄基部扩大成鞘，茎生叶多回羽状深裂，末回裂片狭线形。复伞形花序顶生，伞辐 2～8 条，基部具 2～5 枚条形的小总苞。花小，两性，白色或淡紫色，萼齿小，常不相等，花瓣 5 枚，倒卵形，顶端有内凹的小舌片，在花序外围的常不整齐的扩大（辐射瓣）；雄蕊 5 枚，与花瓣互生（图 22-9）。双悬果近球形，光滑，背面主棱及相邻的次棱明显。

柱头
花柱
花柱基
子房
A
B
C
D
E

图 22-9　芫荽的花及花序结构
A. 花纵切（花瓣和雄蕊已去除）；
B 和 C. 边缘花；
D. 复伞形花序；
E. 雄蕊

2．积雪草（*Centella asiatica*）

参见"文本 22-4　积雪草"进行观察。

■ 文本 22-4
积雪草

四、作业

1. 绘黄花夹竹桃花的纵剖面图，示各部分结构。
2. 绘马利筋的 1 个副花冠及 1 个载粉器。
3. 绘水茄花的纵剖面图，并标出各部分结构。
4. 绘一串红花的纵剖面图，并标出各部分结构。

5. 绘向日葵或南美蟛蜞菊的 1 朵缘花及 1 朵盘花。

五、思考题

1. 何为合蕊冠？马利筋的合蕊冠跟兰科植物的合蕊冠有何不同？

2. 马鞭草科与唇形科的主要异同点有哪些？

3. 一串红花的构造如何适应昆虫授粉？

4. 从营养器官和生殖器官看，菊科植物有哪些主要的特征？为什么说它是真双子叶植物中较为进化的类群？

5. 菊科植物冠毛来源于哪一部分？有哪些类型？在果实和种子的传播过程中起何作用？

6. 伞形科花序中不同位置的花，其花冠形态有何不同？这种结构对其生态适应性是否有帮助？

开放实验三 植物标本制作

一、实验的目的和要求

了解和掌握不同类型及不同要求标本制作的技术和方法。

二、实验材料

（一）实验器材和试剂

福尔马林、乙醇、硫酸铜、亚硫酸、甘油、碳酸钠、氢氧化钠、漂白粉、水、冰醋酸、氯化钠、硼酸、FAA 固定液、溴甲烷、氯化汞（升汞）、磷化氢、环氧己烷、二硫化碳、氰化氢、低温冰箱、酒精灯、烧杯、软毛刷、镊子、试剂瓶、玻璃瓶、烘箱、台纸、针、线。

（二）植物材料

实验室提供或同学自己准备。

三、实验过程

（一）浸泡标本

浸泡标本就是将所要短期或长期保存的植物材料或者植物的某一部分如植物的花、果或地下部分（如鳞茎、球茎等）浸泡在一定的保存液中所得到的标本。根据标本制作目的的不同，使用的保存液亦不同。

1．一般材料的保存方法

通常来说，一般植物的浸泡液是 4%～5% 的福尔马林溶液中或浸泡在 70% 乙醇溶液，保存容器为不同大小的可以密封的试剂瓶。此法简单，价格便宜，但易于脱色。

2．特殊材料的保存方法

对于固定保存的材料如果是为了做切片或者压片之用，可将材料浸泡在 FAA 固定液中。

■ 文本 23-1
保色标本制作

3. 保色标本的制作方法

根据不同要求，保色溶液的配方较多，但到目前为止，只有绿色较易保存，其余的颜色都不很稳定。

浸泡长期保存标本的标本瓶应该用凡士林、树胶或聚氯乙烯黏合剂等封口，以防药液挥发。标本瓶应贴上标签，写明该种植物的学名、所属的科，以及生境、采集地点和时间等，放置于标本柜内。

（二）脱水标本

■ 文本 23-2
脱水标本制作

脱水标本是指将植物中的水分快速脱去、干燥，并尽可能保持植物的原来形状、外貌和颜色而得到的标本。根据脱水的方法，可以分为两种：砂干法和风干法。

（三）腊叶标本

腊叶标本是指压制干燥的并经过经消毒后固定在一张台纸或者硬纸板上的植物标本。压制干燥的标本需经消毒、装订等步骤制成长期保存的腊叶标本。

1. 标本消毒

标本上残留的虫卵或病菌的孢子等会危害甚至毁灭制作成的标本，还会影响标本柜中其他标本的安全性，因此，标本在固定在台纸上之前应该彻底进行杀毒灭菌处理。标本消毒的方法很多，现举例说明常见的几种方法。

（1）熏蒸法：把干燥的标本放在熏蒸室或封闭的容器内，通入有毒气体如溴甲烷、磷化氢、环氧己烷、二硫化碳或氰化氢等，3～5 h 即可达到效果。

（2）加热或微波处理法：有些时候，把标本放置在 55～60 ℃的烘箱或者微波炉中，可以杀死标本上的有害生物。烘箱中烘烤 1 h 左右，微波炉只需要数分钟即可。

（3）低温冷冻处理法：通常是把干燥的标本放入 –18 ℃以下的低温冰箱中，以杀死有害生物。–50 ℃冰箱内需要 24 h，–30 ℃冰箱内需要 72 h 才能杀死有害生物。为了防止标本在冰箱中变潮变湿，在放于冰箱之前，把标本包装在密闭塑料袋中。

（4）浸泡法：此法是把氯化汞（升汞）溶解在工业乙醇中，然后把干燥的植物标本浸泡在升汞溶液中达 5 分钟，然后拿出标本，空气中晾干。

2. 标本装订

消毒好的标本需要装订在台纸上，才能永久保存，装订标本的方法有两种：

（1）线捆法：台纸以超过 200 g 的白色光面（单面光滑）纸张为佳，大小为长 40 cm，宽 30 cm。将白色台纸平整地放在桌面上；然后把消毒好的标本放在台纸上，摆好位置，右下角和左上角都要留出空间，以备贴定名签和野外记录签。这时，用准备好的麻线把标本固定在台纸上。一般通常用针从台纸背面穿引棉线，捆绑标本某个部位后，在背面打一个结，然后重新在另外的地方固定标本，直到固定好为止，避免用一个结结束整个标本的装订。这种方法简便易行，速度较快，缺点是打的结通常较松，标本容易活动而破坏。

（2）纸条法：这种方法是用刻刀沿标本的适当位置上切出数个小纵口，用具有韧性的白纸条，由纵口穿入，从背面拉紧，并用胶水在背面贴牢。

标本固定好后，通常在台纸的左上角贴上野外记录签，在右下角贴上定名签。通常，将一些容易脱落的叶片、枝条、花、果实和种子等装在纸袋里，然后粘贴在台纸上。

装订好的标本台纸上贴一张同样大小的蜡纸或透明纸，然后装入一个塑料袋中或用牛皮纸包装起来。

3．标本保存

装订好的蜡叶标本在统一编号记录后按照一定的要求存放在固定标本柜里，并有容易查询的各种记录（存放地点和标本信息等）。保存条件是室温（20～25 ℃）、干燥（40%～62%）和无病虫害。

蜡叶标本保存是植物标本保存中最为常见的一种方法，各个植物标本馆存放的标本中腊叶标本通常占绝大多数。腊叶标本保存标本的特点保存量大，存放方便，易于研究和教学之用，其缺点是干燥的标本容易形体发生变化，非专业人员难以识别。另外，标本容易破损和遭虫蛀。

（四）叶脉标本

叶脉包括中脉、侧脉及细脉，是叶片中的维管束系统，叶脉标本是指去除植物叶片中的表皮、叶肉、薄壁组织等其他组织之后余下的部分，主要是输导组织构成的叶脉脉序标本，它保持了叶的外形轮廓和叶脉脉序。不同的植物类群叶脉脉序形态不但是植物对环境适应的体现，而且也具有分类学上的意义。叶脉标本制作可用蒸煮法或腐烂法。

1．蒸煮法

（1）将 3 g 碳酸钠、4 g 氢氧化钠放入 200 mL 烧杯中，注入 100 mL 自来水，溶解。将溶液加热至沸腾。把准备好的叶片投入烧杯中，继续加热，并用镊子翻动叶片。

（2）经蒸煮约 10 min，拿出叶片用软毛刷轻轻刷去叶肉。如果叶片较厚或者很难刷去叶肉，可以继续加热数分钟。刷去叶肉只余叶脉脉序的叶片放在清水中漂洗，洗净后放在玻璃板上晾干。

（3）晾干的标本可固定在白纸板上，贴上标签，标签上有植物名称、采集地点、时间及制作人。

（4）如果制作供欣赏的叶脉工艺品，可以在蒸煮溶液中加入染料（如加入红墨水或蓝墨水等），使叶脉标本呈现所需要的颜色。

（5）如果要使制作的叶脉标本颜色变白，可以考虑在溶液中加入少许漂白粉。

2．腐烂法

制作方法参见"文本 23-3　叶脉标本腐烂法"。

制作叶脉标本，应选择较坚硬的革质叶，网脉比较明显以及维管束比较发达的叶片，如橡胶树叶片、桉树叶、樟树叶等效果较好；而叶脉纤弱的叶片，如秋海棠叶、白菜叶等效果则较差。

■ 文本 23-3
叶脉标本腐烂法

附录一　徒手切片制作方法

徒手切片法是借助刀片将新鲜的植物材料切成薄片后制成临时玻片以供观察的一种方法。具体操作步骤和注意事项如下：

1. 切片前先准备一个盛有蒸馏水的干净培养皿。

2. 用左手的拇指与食指捏紧植物材料，注意拇指适当低于食指 3～5 mm，以免被刀片割破。植物材料要伸出食指外约 2～3 mm，右

图附 1-1　徒手切片法

手平稳地拿住刀片，将刀片托于左手食指之上，尽量保持水平，刀口垂直于植物材料并向着操作者自身的方向（图附 1-1）。

▶ 视频 I
徒手切片操作

3. 切片时，先将刀口和材料切面端沾些水，自左前方右后方迅速地作水平斜滑。用右手的臂力（不要用手的腕力）进行连续切片，其中第一刀将实验材料先端切平整，切片过程中应尽可能将材料切薄一些，多次练习后应做到所切薄片厚度为 10～20 μm（1 μm = 0.001 mm）。每切下一片后，左手食指和拇指尖向下微缩少许，再继续切。连续切下数片后，将刀片放在培养皿的水中稍一晃动，切下的薄片即漂浮在水中，选取其中最薄的透明状切片，以供镜检。

4. 注意如果植物材料太大，而且构造是辐射对称的（如根、茎）则不需要切得完整的一片；如果材料过于纤细、柔软（如针叶、幼根等）可将材料夹于较硬的组织中（如胡萝卜的根、木通的髓部等），一同切下。

附录二　硅藻酸处理及永久封片制作

　　硅藻是一类广泛分布于海水、淡水以及土壤中的藻类，目前已知硅藻约有12 000 种，而硅藻细胞壁的花纹是硅藻分类的主要依据之一。生活的硅藻由于原生质体的影响，细胞壁常不清晰，因此我们常利用酸处理法来破坏它的原生质体，以更好地观察硅藻细胞壁的花纹。硅藻细胞壁主要为硅质，对强酸强碱具有很强的抗性，在酸处理后其细胞壁可以完整保存，并清晰地看到细胞壁上的花纹。

一、实验材料准备

（一）实验器材和试剂
　　离心机、显微镜；镊子、解剖针、载玻片、盖玻片、离心管、酒精灯、试管夹、耐高温小指管、胶头滴管、移液器；浓硫酸、浓硝酸、重铬酸钾饱和溶液、封片胶。

（二）硅藻样品
　　采集小水沟、小池塘或临时性积水的水体和底泥的交界处、海水、海岸边的表层底泥等处的样品。

二、实验步骤

　　1. 将欲处理的标本水样混合摇匀，用吸管取 2 mL（可根据实际情况自行掌握），注入试管。

　　2. 加入与标本水样等量的浓硫酸，再慢慢加入与标本液等量的浓硝酸，此时产生褐色的亚硝酸气体。在酒精灯上微微加热直至标本变白，液体变成无色透明为止。

　　3. 待标本冷却后，将混合液倒入离心管中，用离心机以 3 000 rpm 的速度离心 5 min。吸出上层清液，加入适量重铬酸钾饱和溶液，离心 5 分钟。

　　4. 再次将上清液吸出，所得沉淀物用蒸馏水重复洗 3～4 次，每次换水时离心 5 min，直至 pH 为中性，丢弃上清液。酸处理后的硅藻标本即可在显微镜下观察。（亦可用 5%～15% 甘油封片观察），加 95% 乙醇或 4% 甲醛可长期保存标本。

5. 取少量酸处理后的样品置于干净的盖玻片上，在酒精灯上烤干，加一滴加拿大树胶（也可以用商品的封片胶），将有胶的一面反转贴于载玻片中央，用橡皮按压盖玻片中央以赶走气泡。

室温放置 1～5 天，待胶干后即制成永久玻片，可观察和长期保存。

▶ PPT I
硅藻细胞观察及永久玻片制作

附录三 植物检索表的使用和编制

一、植物检索表的概念

在进行植物分类学研究时常利用植物各种相对应的形态、结构特征，将植物各类群加以区别和检索，称为植物检索表。根据检索表检索类群的等级，可分为分门、分纲、分目、分科、分属和分种检索表等。在植物志中常见一个科内的分属、分种检索表，有时也包含有对亚科、族、亚族等的次级分类单位的检索表；一个属内的分种检索表，有时也包含对属以下种以上分类单位（如亚属、组、系等）的检索表。

从编写形式看，目前广泛应用的主要有两类检索表，即：等距式检索表和平行式检索表。

（1）等距式检索表：相对应的检索特征等距式地内缩排列，所含次一级的条目直接排列在所属的相应条目下，呈下降阶梯式。等距式检索表优点是条目清晰，上下分类阶层包含关系明显，查找方便，缺点是占篇幅较大。

如《广州植物志》野牡丹科（Melastomaceae）检索表：

1. 叶有主脉 3～7 条或更多，子房 4～5 室
    2. 花药全相似；果干燥，迟开裂·····················1. 金锦香属 *Osbeckia* L.
    2. 花药极不相等；果稍肉质，不开裂·············2. 野牡丹属 *Melastoma* L.
1. 叶有主脉 1 条；子房 1 室·······································3. 谷木属 *Memecylon* L.

（2）平行式检索表：将相对应的检索特征平行并列，次一级的条目依序数值大小顺次排列，下一项要查找的条目写在先一级条目的尾部。平行式检索表优点是条目所有编号在左侧对齐，占篇幅小，且上下对应特征排在一起，容易对比判断，适用于分类群较多时，缺点是看不出所属关系，且容易出错。

如上述等距检索表如改变为平行检索表，则为：

1. 叶有主脉 3～7 条或更多，子房 4～5 室·······························2
1. 叶有主脉 1 条，子房 1 室·······························3. 谷木属 *Memecylon* L.

2．花药全相似，果干燥，迟开裂·······························1. 金锦香属 *Osbeckia* L.

2．花药极不相等，果稍肉质，不开裂·····················2. 野牡丹属 *Melastoma* L.

从检索表编制的目的、要求来看，有针对全球性的、一个国家的检索表，也有针对某一省区、地区、地域、山地、山脉、河流、湖泊等等的区域性检索表；有针对某一自然类群的检索表，也有针对某些以经济植物、环境植物、甚至落叶植物、冬态植物、浮游植物等的"目的性"检索表；有主要采用营养器官特征的检索表，也有主要采用生殖器官的检索表等。

二、植物检索表的编制

1．在编制植物检索表时，首先要确定检索表的范围、目的。针对不同的目的，确定检索表的使用范围或技术要求，然后进行认真观察，准确记录，列出相似特征和区别特征，即归纳和分类，并突出主要特征。

2．检索表编制选取特征时应注意下列问题。

（1）科学性：检索表应当首先注意科学性和准确性，应尽量选取明显、稳定的特征，最好是选用手持放大镜能观察到的特征。通常，生殖器官的特征较稳定，应优先选用；而某些营养器官的特征可能变化较大，如：叶的长短宽窄、毛被的多少等受环境的影响较大，是次一级选取的特征。

（2）平行性：相同的条目编码最好只有一对。在平行式检索表中相同的对应号码只有一对，在等距式检索表中最好也只用一对，即在整个检索表中只有两个 1、两个 2、两个 3，依此类推，最后一级可以 3 个，但不要多于 3 个。

（3）对立性和完整性：所选取的相对特征，最好具有对立性，如木本与草本；单叶与复叶；叶全缘与叶边缘有锯齿或分裂；浆果与干果等。许多完全相反的特征，如"花药有毛"与"花药无毛"，作为检索对比特征会使得检索表变得简洁易记。在编制检索表时可使用性状组合，即一个以上的性状来进行编制，这样使用者在检索时可以进行检验，减少检索出错的概率。

（4）顺序性和逻辑性：特征的表述按一般形态描述的次序，从下到上，从外到内，如：先根、茎、叶，后花、果实、种子；先器官的形态特征，后解剖结构特征或显微、生理生化特征等。

（5）"特征集要"：一个较好的植物检索表，最好应能编成该类群植物的"特征集要"，即不但要能反映各类群的区别特征，而且也能从检索表中反映出该类群植物的主要特征。这将成为检索表应用广泛性的一个标准。一个好的检索表还有一个很方便的功用，可通过"逆查"的方式，学习并掌握某类群的特征，同时对照实物进行验证。

（6）简明性和实用性：检索表既要反映植物的主要特征，又要简明扼要，相对的条目中相同的特征可不必列出。检索表常常为一定的目的而设计，但无论是为了理论研究还是为了实践应用，都必须以实用性效果来考量。

　　一个成功的检索表必须在实践中经受考验，经过广泛使用而被验证、补充、修正。一个富有经验的植物分类学家编制的植物检索表，如果在实际应用中有不相符合之处，那么有可能就是"新种、新分类群"或"新记录"出现了，应特别注意，可依次通过地区性资料、全国性的资料、邻近国家的资料及国际性的资料进一步验证。

三、植物检索表的使用

　　使用中国植物志、地区植物志、或其他专类植物志等文献或专著，根据所列的检索表检索由课堂提供的或学生自己采集的新鲜植物材料，检索到种，并对照该种的详细描述，验证自己的检索是否正确。

　　学习检索至少 2～3 种植物，并且用不同的工具书检索同一种植物，比较检索结果。

附录四　常用实验试剂的配制

1. 醋酸洋红染色液

取 45 mL 无水乙酸，加蒸馏水 55 mL，在玻璃烧杯中煮沸，将烧杯从加热炉上取下并缓缓加入 1 g 洋红（胭脂红）粉末，搅拌均匀后再次加热至沸腾，悬吊 1 颗铁锈钉于溶液中继续煮沸 2～3 min，冷却后过滤，贮存在棕色瓶内备用。

2. 碘 – 碘化钾溶液

碘化钾 6 g 溶于 100 mL 水中，完全溶解后加入 4 g 碘，振荡溶解。保存在棕色玻璃瓶内。此配方因使用目的不同，碘和碘化钾的量可增减。用作固定标本时，注意碘易升华，碘液能腐蚀皮肤和木质瓶塞。

3. 番红染液

取番红粉 2.5 g 加入 100 mL 95% 乙醇中溶解，然后取 10 mL 上述番红乙醇溶液与 90 mL 蒸馏水充分混匀，室温保存。

4. 改良碱性品红染色液

母液 A：3 g 碱性品红溶于 100 mL 70% 乙醇中。此溶液放置于 4 ℃冰箱中可长期保存。

母液 B：取 A 液 10 mL，加入 90 mL 5% 苯酚水溶液。此溶液 2 周内使用。

苯酚品红染色液：取 B 液 45 mL 加入 6 mL 无水乙酸和 6 mL 37% 甲醛，混合后使用。

改良碱性品红染色液：取苯酚品红染色液 10 mL，加入 90 mL 45% 无水乙酸和 1.8 g 山梨醇，混合后放置 2 周再使用。

5. 苏丹Ⅲ溶液

0.1 g 苏丹Ⅲ干粉溶于 10 mL 95% 乙醇中，过滤后再加入 10 mL 甘油。

6. FAA 固定液

取 70% 乙醇溶液 90 mL，37% 甲醛溶液 5 mL，无水乙酸 5 mL，甘油 5 mL，将以上溶液混合即可。

7. 离析液

将 95% 乙醇溶液和无水乙酸按体积比 3∶1 混合配置而成。

读者意见反馈

为收集对教材的意见建议，进一步完善教材编写并做好服务工作，读者可将对本教材的意见建议通过如下渠道反馈至我社。

咨询电话　400-810-0598

反馈邮箱　gjdzfwb@pub.hep.cn

通信地址　北京市朝阳区惠新东街 4 号富盛大厦 1 座　高等教育出版社总编辑办公室

邮政编码　100029

防伪查询说明

用户购书后刮开封底防伪涂层，使用手机微信等软件扫描二维码，会跳转至防伪查询网页，获得所购图书详细信息。

防伪客服电话 （010）58582300